湖北省公益学术著作
Hubei Special Funds 出版专项资金
for Academic and Public-interest
Publications

U0383836

典型海洋灾害事件情景推演
技术与应用

罗年学　赵前胜　王家栋　著

著作委员会　罗年学　赵前胜　王家栋　黄　奎　陈　敏　刘洪良
　　　　　　刘　秀　钱　慧　周　石　朱佩京　刘　璐　李　震
　　　　　　胡俊聪　杨　柳　金榕榕　李　勇

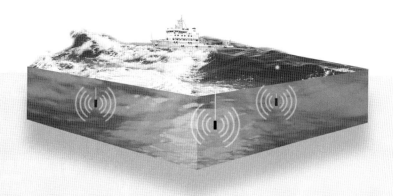

DIANXING HAIYANG ZAIHAI SHIJIAN QINGJING TUIYAN
JISHU YU YINGYONG

WUHAN UNIVERSITY PRESS
武汉大学出版社

图书在版编目(CIP)数据

典型海洋灾害事件情景推演技术与应用/罗年学,赵前胜,王家栋著.
—武汉:武汉大学出版社,2022.9
湖北省公益学术著作出版专项资金项目
ISBN 978-7-307-23056-9

Ⅰ.典…　Ⅱ.①罗…　②赵…　③王…　Ⅲ.海洋—自然灾害—研究
Ⅳ.P73

中国版本图书馆 CIP 数据核字(2022)第 066592 号

审图号:GS(2022)5762 号

责任编辑:鲍　玲　　责任校对:李孟潇　　版式设计:马　佳

出版发行:**武汉大学出版社**　(430072　武昌　珞珈山)
(电子邮箱:cbs22@whu.edu.cn 网址:www.wdp.com.cn)
印刷:湖北恒泰印务有限公司
开本:787×1092　1/16　印张:13.75　字数:326 千字　插页:2
版次:2022 年 9 月第 1 版　　2022 年 9 月第 1 次印刷
ISBN 978-7-307-23056-9　　　定价:59.00 元

前　　言

我国是世界上遭受海洋灾害影响较为严重的国家之一，且遭受灾害种类多、分布广、频率高、造成的损失严重，风暴潮、浒苔、溢油等重大海洋灾害与突发环境事件威胁着沿海地区经济社会发展和人民群众的生命财产安全。海洋灾害的发生和发展往往具有极大的不确定性，如何管理和应对灾害中的不确定性问题，是科技工作者和应急决策人员共同面对的难题。近几年，"情景-应对"型突发事件应急管理理论和方法受到广泛关注，通过构建事件情景对未来事件进行分析，是一种灵活的、能应对不确定环境的动态战略规划思想。

国外学者及管理者对情景分析法的理论研究主要侧重于对情景定义、情景分析、情景分析过程等基本概念和方法的研究，从多个角度完善情景分析法的理论基础，如引入概率理论，对专家观点进行定量分析。在突发事件应急管理应用方面，2012 年之前我国基于情景构建技术的应急准备和规划方法研究属于一项全新的应急管理研究领域，清华大学公共安全研究院相关学者率先提出构建基于"情景-应对"的国家应急平台体系相关科学问题和基础平台集成的思路。近几年来，通过"情景-应对"的方式来解决突发事件的方法理论研究成果较多，但在具体突发事件，特别是海洋灾害应急管理应用实践方面，我国尚未形成基于情景推演分析的系统化解决方案。

为应对海洋灾害，我国开始建设国家海洋环境安全保障平台，并成为国家安全平台的重要组成部分，情景推演技术作为一种关键技术在海洋安全保障平台中得到了应用。本书从情景库构建技术、情景分析与推演方法以及情景可视化方面介绍了情景推演基本理论方法及总体技术路线，结合典型海洋灾害事件，介绍了情景推演原型系统并进行了案例推演实践。

本书是在国家重点研发计划项目（编号：2017YFC1405300）支持下完成的。感谢项目负责人清华大学公共安全研究院黄全义教授，研究团队胡春春副教授、李英冰副教授，以及参与课题的所有研究生，课题组四年来紧密合作和无私奉献为本专著的完成提供了坚实的基础。

海洋灾害事件种类繁多，灾害的发生、发展、应对过程复杂，本书从情景构建、情景分析和可视化推演等方面进行了较系统的阐述，错误和不当之处在所难免，敬请批评指正。

罗年学

2021 年 12 月

目　　录

第1章　情景推演概述

§1.1　海洋环境安全事件

环境安全的概念最早是在 1987 年世界环境与发展委员会的正式报告《我们共同的未来》中被首次提出的。西方国家在 20 世纪 90 年代初就将海洋环境安全上升到国家安全的高度并予以重视。1991 年 8 月，在美国《国家安全战略报告》中，首次提出将环境安全视为国家利益的组成部分；1994 年美国国会通过《环境安全技术检验规则》，将环境安全纳入本国的防务任务之中。在我国，张珞平等（2004）首次提出海洋环境安全的概念，并对海洋环境研究和海洋环境管理进行了探讨。张珞平认为，海洋环境安全是海洋环境可持续发展的重要组成部分，我们应考虑海洋环境安全，而不是海洋污染或被动的海洋环境保护。海洋环境安全迄今为止尚未有一个官方的确切定义，但可以肯定的是，环境安全与军事安全和经济安全同等重要，都是保障国家安全的基石。在我国从"海洋大国"向"海洋强国"发展的历史进程中，保障我国海洋环境安全具有重要的战略意义。

海洋环境安全事件是指由于自然或人为因素导致的，在近海或沿海海域发生，并造成或可能造成不同程度的人员伤亡、财产损失、海洋环境破坏的公共安全事件，包括海洋动力灾害事件、海洋生态灾害事件和海上突发事件等。

1）海洋动力灾害

海洋动力灾害（包括灾害性海浪、风暴潮、海冰、海啸等）是对全球沿海各国危害最大的自然灾害。在全球变暖和海平面上升的背景下，海洋动力灾害发生的特征规律、致灾机理和影响程度等都出现了新的变化，灾害的群发性、难以预见性和灾害链效应日渐突出，给世界各国带来的损失呈逐年上升趋势。我国是一个海岸线长，沿海人口众多、经济发达的海洋大国，海洋动力灾害是对我国沿海地区造成破坏和损失最大的自然灾害。21世纪以来，海洋动力灾害造成人员死亡达 4078 人，直接经济损失达 2434.206 亿元。[1][2]因此，开展海洋动力灾害研究具有重要意义和迫切的国家需求。

2）海洋生态灾害

海洋一直处于变化之中，海洋中的生物也一直处于变化中。当一种生物能被当作资源进行开发利用时，我们期待其数量越来越多，我们还会把数量特别多的年份称为"丰收年"；而当一种生物不能被我们利用——甚至会对人类生活造成诸多不良影响时，我们就

---

[1]　自然资源部海洋预警监测司 . 2018 年中国海洋灾害公报，2019.
[2]　自然资源部海洋预警监测司 . 2019 年中国海洋灾害公报，2020.

认为某种生态灾害出现了。人们特别关注海洋生物种类和数量的剧烈变化，如浮游植物快速繁殖导致的有害藻华或"赤潮"、浒苔快速繁殖和生长导致的"绿潮"，以及水母数量增多导致的"白潮"。赤潮对经济和社会的影响是非常显著的，会导致鱼类等生物大量死亡，人类食用含有藻毒素的贝类后会引起中毒甚至死亡等；浒苔的暴发会对沿岸环境和海水养殖等造成影响；很多水母会蜇人，全球每年都有成千上万的人被水母蜇伤，严重者甚至失去生命，水母在近岸的大量出现还会对沿岸工业造成严重影响，特别是对核电站、火电站以及化工与海水淡化等设施造成破坏。除此之外，这些生物的大量繁殖会破坏海洋生态系统的平衡，改变海洋生态系统的服务功能和产出功能。

3）海上突发事件

海上突发事件涉及的范围较广，通常按照突发事件的性质，可将海上突发事件划分为突发性的海上违法犯罪活动，自然灾害以及机械、人为事故，突发性的涉外事件三类。

突发性的海上违法犯罪活动是指群体或个人为满足某种需要，在海上实施的扰乱和破坏海上治安秩序，威胁国家和人民生命财产安全，产生重大影响和严重后果的违法犯罪活动。其中包括：可能或已经发生的武装抢劫或劫持船舶、人质案件；走私毒品、枪支、弹药案件；破坏海上重要设施等重大案件；针对港口、船舶以及海上人工设施进行的恐怖活动；渔船生产作业中，因网具纠纷、船舶碰撞以及争抢生产桁地等海事、渔事纠纷引发的海上械斗、抢劫等群体性事件等。

突发性的自然灾害以及机械、人为事故，是指由于受大风、雨、雪、雾、霾、潮汐、海流等恶劣气象水文条件的影响而引起的船舶触礁、搁浅、沉没、碰撞、失火、民用航空器海上遇险，以及突发性的机械故障或人为操纵失误引发的各种海损、海难等，造成或可能造成人员伤亡、财产损失的事故等。

突发性的涉外事件是指国外船舶在我国管辖海域内突然发生的，危害我国安全和侵犯我国海洋权益的事件。其中包括外国船舶的非法侵入事件，即外国船舶或其他运载工具，未经我国主管机关批准公然进入我国管辖海域进行的渔业捕捞、勘察、开发、海洋科学研究与监测等活动；外国船舶在我国管辖海域内，进行抢劫、偷渡、走私等违法犯罪活动，或进行不利于我国安全与稳定的非法广播、宣传，以及发射无线电干扰信号干扰我国通信秩序或影响我国任何其他设备和设施正常使用等的活动；外国军警在争议海区恶意抓扣我国渔船民的事件等。

本章选取了风暴潮、浒苔和溢油依次作为海洋动力灾害、海洋生态灾害和海上突发事件的典型代表，研究其情景推演的理论方法与技术。

§1.2　情景推演概述

情景推演（情景分析）是一种灵活的、能应对不确定环境的动态战略规划思想，在西方已有几十年的历史，最早应用在军事上。

20世纪50—60年代，兰德公司研究员Kahn（1967）率先使用"Scenario"一词，并将其引入军事战略研究。1967年，Kahn完成并出版的《2000年——关于未来33年猜想的框架》对Scenario作出了比较系统的解释，认为情景是试图描述一些事件假定的发展过程，这些过程描述有利于对未来变化采取一些积极措施。未来是多样的，几种潜在的结果都有可能在未来实现，通向这种或那种未来结果的路径也不是唯一的，对可能出现的未来以及实现这种未来的途径的描述构成了一个情景。20 世纪 70—80 年代，壳牌石油的 Pierre Wack 的深入研究及应用使情景分析方法逐渐成形。20 世纪 90 年代以来，情景分析方法相关研究逐渐增多，涉及情景理论、决策过程分析、不确定性分析、敏感性分析、类型学、应用案例等多个领域。近年来，国外学者及管理者对情景分析法的理论研究主要侧重于对情景、情景分析、情景分析过程等基本概念和方法的研究，并从多个角度完善情景分析法的理论基础，如引入概率理论，对专家观点进行定量分析。20 世纪 90 年代后，国内一些学者开始系统地介绍情景分析的理论和方法，2003 年以来，我国关于情景分析的研究日益增多，主要集中在方法应用方面，理论研究较少。在突发事件应急管理应用方面，国内还尚未形成基于情景推演分析的系统化解决方案。

情景分析法在国外最早是用在公共政策规划与分析中，之后应用到企业的规划研究报告以及形势预测中。情景分析法的操作步骤因不同学者的研究重点和分析视角不同而有所不同。

典型的情景分析学派主要为以美国为中心而发展起来的直觉逻辑学派和概率修正趋势学派，以法国为中心发展起来的远景学派。直觉逻辑情景分析法主要依靠专家的判断分析，优点是能进行充分思考，对资料依赖性不是特别强，但缺乏科学严谨的验证。概率修正趋势情景分析法主要基于概率进行统计分析，优点是论证相对严密，不足之处是对数据资料要求高，对使用该方法人员的专业素养也要求较高。远景学派采用专有的结构和角色扮演分析、形态分析等分析工具，运用定性和定量相结合的方法构建多个情景以供选择。

1.2.1　国内外研究现状

情景的推理与模拟非常复杂，需要大量的数据与信息，以及管理数据信息的模块；众多能够准确表征现实世界的独立模型、算法；还有能够合乎逻辑地串联起众多模型的方法，这些模块必须都有效运转才能实现情景推演。因此情景推演是一个跨学科、多学科交叉的领域，不同领域的专家学者运用各自专业的知识为这个复杂系统贡献零件。图 1.1 列举了与情景推演相关的部分系统，并根据系统（模块）的智能层次进行了划分：底层的是单一灾害的预报模拟系统，其次是根据预报信息，给出相关建议的相对智能化的决策支持系统，顶层的是能够自动实现的、智能的情景推演系统。

如图 1.1 所示，国内学者开发的黄海绿潮预报预警系统处于单一灾害的模拟模型和 DSS（Decision Support System）之间，目前实现的功能是通过预报浒苔的漂移路径，向打捞的船只提供信息。而国外的地中海海洋安全决策支持系统（MEDESS-4MS）则属于典型的 DSS，并且部分实现了情景推演功能。

如图 1.2 所示，MEDESS-4MS 针对游轮溢油事件形成了相当成熟的模拟方案。它集成了多个已有的溢油漂移扩散模拟模型和实时监测平台，实现了多源数据融合和显示；支持用户自定义溢油点和溢油量、种类等初始信息，自主选择漂移扩散模拟模型，自动计算油膜的扩散状态；叠加敏感区域和应急资源信息，分析溢油危害程度以及可供调遣的应急资源；同时提供溢油逆向模拟服务，方便定位事故船只。

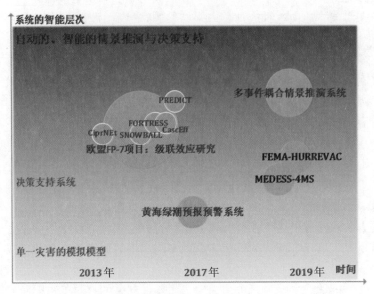

图 1.1　情景推演相关系统举例

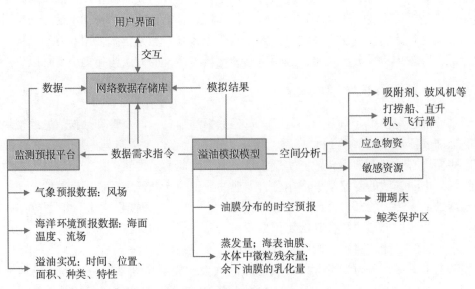

图 1.2　地中海海洋安全决策支持系统（MEDESS-4MS）框架

美国联邦应急管理局（FEMA）在 2019 年 6 月开放的 HURREVAC 系统是针对飓风的决策支持系统，它管理历史飓风记录，并能够分析预测实时的飓风路径和受灾区域，估计出留给人们撤离的时间。

随着对灾害认知的加深，人们意识到针对单一灾害的 DSS 并不能很好地应对现实世界中并发、耦合的灾害。许多灾害之间并不相互独立，它们同时发生时造成的损失也不能用简单的线性叠加来估计；而且一个不起眼的事件，有可能引发一系列的次生事件，最后造成意料之外的巨大损失。典型的例子是，欧盟的 FP-7 项目就专门针对这一现象，通过FORTRESS、SNOWBALL、CascEff、PREDICT、CiprNEt 等子项目针对 Cascading Disaster（级联灾害）的原理、系统之间相互联系以及应急规划、决策应用作了深入研究。表 1.1给出了项目信息和成果。我们认为这些项目所实现的级联灾害分析与模拟的系统在一般的DSS 基础上有了明显的进步。

表 1.1　　　　　　　　　　　　　欧盟 **FP-7** 项目信息及其成果

项目	时间	国家	目标和成果
FORTRESS（EU-FP7）	2014.4—2017.3	Germany	https：//cordis. europa. eu/project/rcn/185488/factsheet/en 开发了两个分析工具： FMB：model builder 用于构建业务流程中各个组织机构间的依赖关系； FIET：Incident Evolution Tool 用于分析灾害的演化方向，评价救援措施失效时的后果
SNOWBALL（EU-FP7）	2014.3—2017.2	France	https：//cordis. europa. eu/project/rcn/185475/factsheet/en 开发了可视化平台：http：//plinivs. it/projects/snowball/
CascEff（EU-FP7）	2014.4—2017.7	Sweden	https：//cordis. europa. eu/project/rcn/185490/factsheet/en 开发了两个分析工具： IEM：Incident Evolution Methodology； IET：Incident Evolution Tool 实现 IEM 并提出了级联效应的表示模型
PREDICT（EU-FP7）	2014.4—2017.3	France	https：//cordis. europa. eu/project/rcn/185494/factsheet/en 开发了预报模拟系统，用于模拟级联效应； 开发了决策支持工具-确定最佳方案并计算风险
CiprNEt（EU-FP7）	2013.3—2017.2	Germany	https：//cordis. europa. eu/project/rcn/107425/factsheet/en 开发了针对关键基础设施的决策支持系统： CIPCast［Critical Infrastructure Protection DSS］

　　FP-7 项目提出级联灾害未来的研究方向是：针对高度复杂的技术问题实施新的培训策略；开发多灾种早期预警系统和管理高度复杂事件的方案；将耦合的危险与漏洞与级联的社会驱动因素相互作用的情景与新的工具整合起来；使用级联方案来评估公民的风险认知水平和社会及行为需求。

1.2.2　情景演化理论

　　如何从上一级情景演化到下一级新的情景是情景推演中不可回避的重要问题，无论是情景自动演化还是人为假设推演都涉及情景演化的关键驱动力问题，明确关键驱动力要素对理解情景推演的内在动力至关重要。

1. 关键驱动力

情景之所以能够演化，其本质是致灾因子（H）、承灾体（A）、孕灾环境（E）和抗灾体（M）中的至少一类要素发生改变，产生了新的情景。将关键驱动力定义为函数 f，则

$$S' = f(S) \tag{1.1}$$

式中，上一级情景 S 在关键驱动力 f 的作用下，将演化为新一级情景 S'。对于要素级情景，某一类或多类情景要素的改变均是情景演化的关键驱动力，而对于事件级情景，事件间的关联性将是情景演化的关键驱动力，以下分析要素级情景和事件级情景的关键驱动力类型。

1）致灾因子驱动力

致灾因子驱动力主要体现在致灾因子危险性上，致灾因子危险性的突变会推动情景的演化。以台风为例，不同强度的台风对同一片沿海区域造成的灾害损失各不相同，12 级台风造成的损失远大于 8 级台风造成的损失，主要原因在于 12 级台风致灾因子的强度更大，对承灾体的破坏力更强，影响范围更广，能够波及更大范围内的承灾体。

2）承灾体驱动力

承灾体驱动力主要体现在承灾体脆弱性上，承灾体暴露性的变化和敏感性的不同也将是新情景演化的动力。在相同强度的致灾因子的作用下，暴露性强、敏感性强的承灾体遭受的风险可能会大，更需要抗灾体的保护。随着灾害的演化，影响区域发生改变时，承灾体的类别和规模也随之改变，应急的需求发生改变，此时便会演化出新的情景。

3）孕灾环境驱动力

孕灾环境驱动力主要体现在孕灾环境稳定性上，孕灾环境中不稳定因素的突然介入将推动情景的演化。以海上溢油为例，自然环境中的温度升高将会增大溢油起火爆炸的可能性，社会环境中的负面舆论出现将会加大事故灾害对人类社会造成的损失。因此，孕灾环境在情景演化中也是非常重要的驱动力之一，无论在自然演化还是在人为构建情景的过程中都需要关注孕灾环境的变化。

4）抗灾体驱动力

抗灾体驱动力主要体现在抗灾行为的介入上，抗灾行为的介入会直接改变承灾体和致灾因子的状态，从而产生新的情景。以风暴潮为例，对海堤的加固和抬高会保护沿海陆地上的承灾体，此时该情景只需要关注海上承灾体。以浒苔为例，渔船打捞行为将直接减少致灾因子的规模，促使发展中的灾害情景向消亡情景转变。

5）事件级情景驱动力

对于事件级情景，人们更关注的是某一事件可能会衍生出哪些其他事件，现阶段有不少对于事件链、灾害链或是级联灾害的研究。通过明确事件间的关联性，构建事件情景链，为事件级情景的推演提供演化模板。事件链的构建可基于大量历史案例数据，利用贝叶斯网络、Petri 网、复杂网络等模型进行建模，通过产生式规则或统计学模型计算事件间的触发概率，以支持事件级情景的自动推演。

2. 情景演化模式

情景在关键驱动力的作用下，按照一定的演化模式进行演化，如图 1.3 所示，S_1 为初始情景，包含情景要素 H_1、E_1、A_1 和 M_1，在关键驱动力的作用下演化为 S_2，根据关键驱动力的不同，情景有多条演化路径。例如，f 为致灾因子驱动，S_1 情景的致灾因子显著增强，导致 S_1 情景演化升级为 S_2 情景；f' 为抗灾体驱动，在 S_1 情景中加入了抗灾措施，使得 S_1 情景在抗灾措施的作用下恢复好转至 S_2' 情景；f'' 为事件驱动，S_1 情景在复杂的环境因素和人为因素的作用下，突发某一次生衍生事件，S_2'' 即为该事件情景。情景在不同关键驱动力的作用下可持续演化，直至推演结束。需要注意的是，情景随驱动力演化而非随时间演化。

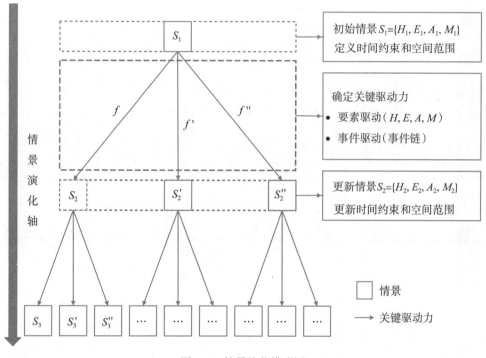

图 1.3　情景演化模式图

在不同的应用场景下，情景演化有不同的模式。在灾前情景推演时，决策者可自定义改变四大类情景要素，构建新一级情景；也可以利用基于动力学模型的数值模拟、基于案例的情景匹配以及基于事件链的演化分析等方法进行下一级情景的构建。而在灾中实时推演时，可以通过获取实时的灾情监测数据，动态更新情景要素，以生成新的情景。

1.2.3　情景推演总体技术路线

情景推演总体技术路线可分为"情景构建""情景分析""情景可视化"三大部分，如图 1.4 所示。情景构建是情景推演的基础，为情景分析和情景可视化提供数据支撑，情景构建的结果将形成一棵情景树，便于情景管理与存储；情景分析是情景推演的核心，基于各类模型算法对单情景、多情景以及情景树进行具体分析，得到各类情景推演的结果，为应急决策和模拟演练提供指导意见；情景可视化旨在对情景构建和情景分析的结果进行展示，以"推演一张图"的形式将各类情景要素、各分析模型计算结果囊括其中，输出各种情景推演专题图，以辅助决策和演练。同时，情景可视化模块也为交互式推演提供了平台，使用者可在地图可视化界面标绘、量测、改变情景，增添处置行为等，从而提高了情景推演的可视性。接下来将详细阐述情景构建、情景分析、情景可视化的方法和相关技术。

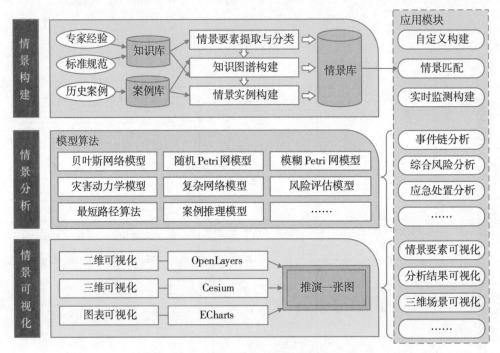

图 1.4   情景推演总体技术路线

1. 情景构建方法

首先介绍情景构建的方法，如图 1.4 所示，情景库的构建是情景构建中至关重要的内容。根据灾种的特性展开广泛调研，综合专家经验和各类行业标准规范，建立知识库。收集灾害历史案例数据，形成案例库。结合知识库和案例库进行情景的知识图谱构建，包括情景要素抽取、知识融合、知识加工以及知识更新。

其中情景要素抽取可利用自然语言处理（NLP）的方法对案例文本进行实体抽取、关系抽取和属性抽取；知识融合包括实体链接、知识合并等研究内容；知识加工包括本体构建、知识推理、质量评估等研究内容；知识更新是对概念层和数据层的更新和维护。

知识图谱构建完毕后进行情景库的设计与建库，并对案例库中的历史案例进行处理，转化为实例进行情景库的数据填充。

　　在应用端情景构建可分为三种方式，如图 1.5 所示，分别为自定义构建、情景匹配和实时监测构建。自定义构建用于推演未发生过的情景，多用于极端情景的推演。通过人为假设的方式定义或改变情景要素，从而构建情景；情景匹配是基于过去发生的情景的推演，是一种"复盘历史"式的方式。根据模糊条件从情景库中匹配到符合要求的情景，进而进行后续的推演；实时监测构建用于推演正在发生的情景，接入当前正在发生的灾害监测数据构建情景，同时可以接入预报数据进行下一级情景推演。

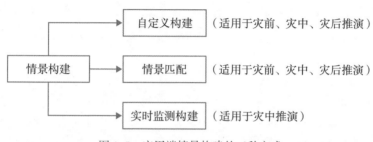

图 1.5　应用端情景构建的三种方式

　　情景构建的方式取决于应用场景，一般在灾中实时推演时，可以将自定义构建、情景匹配和实时监测构建相结合，这样既可以保留真实数据，又融入人为假设，便于推演更多的可能性。

2. 情景分析方法

　　情景分析是情景推演的核心，包含了所有情景推演过程中的分析模型和算法。以台风风暴潮为例，本节将列举几种台风风暴潮情景分析模型。

　　1）基于动力学模型的增减水模拟

　　对于风暴潮灾害的数值模拟，现阶段已有不少研究成果，例如美国的 SLOSH 模型、荷兰的 DELFT3D 模型、丹麦的 MIKE21 模型等，也有不少基于风暴潮动力学模型开发的成熟算法。将这些模型算法集成到情景推演平台之中不仅可以模拟情景要素的变化，也可以此为依据预测下一级情景，支持情景的自动演化。

　　2）基于贝叶斯网络模型的事件概率预测模型

　　目前，关于情景推演的研究中存在大量对于情景状态概率推演的研究，饶文利等（2020）利用动态贝叶斯网络建立风暴潮情景网络并预测溃堤、海水倒灌、洪水、滑坡等次生衍生事件的概率，证明了动态贝叶斯网络模型在事件级情景推演中的有效性。

　　3）基于路径规划的风暴潮疏散模型

　　风暴潮所带来的风暴增水可能会引起内陆的淹没，提前进行淹没区域的人员疏散是风暴潮应急处置的目标之一。沈航等（2016）基于 GIS 空间分析技术构建应急疏散网络模型，以最短疏散总时间为目标，综合考虑了交通拥堵、资源节约、避灾容量和公平分配等因素，求解最佳的疏散路径。最后，根据疏散过程的动态模拟结果，进一步优化疏散路径的选择。疏散模型作为应急处置分析模型的一种，是情景推演最终落到实际应用层面的体现。

4）基于 Petri 网的风暴潮事件链分析模型

有不少研究者利用 Petri 网研究灾害链的演化，例如 Zhao 等（2019）改进了模糊 Petri 网，重新定义了网络结构中的变迁和库所，用变迁表示事件的触发因子，用库所表示事件发生的风险，并用隶属度函数形式来表达产生式规则，为动态推演事件链中各次生衍生事件提供了方法。

3. 情景可视化技术

本书参照"应急一张图"理念，将基础地理信息数据与情景推演专题数据进行整合，形成二维、三维可切换的"推演一张图"，二维可视化基于 OpenLayers 框架，三维可视化基于 Cesium 框架，图表可视化基于 ECharts 库，接下来分别介绍这三个工具的特点。

OpenLayers 是一个专为 WebGIS 客户端开发的 JavaScript 类库包，用于实现标准格式发布地图数据的访问。OpenLayers 支持的地图来源包括 Google Maps、微软 Virtual Earth、Yahoo Map 等，用户还可以用简单的图片地图作为背景图，与其他图层在 OpenLayers 中进行叠加，在这一方面 OpenLayers 提供了非常多的选择。在操作方面，OpenLayers 除了可以在浏览器中帮助开发者实现放大、缩小、平移等常用操作之外，还可以进行线和面的选取、要素选择、图层叠加等不同操作，甚至可以对已有的 OpenLayers 操作和数据支持类型进行扩充，为其赋予更多的功能。例如，它可以为 OpenLayers 添加网络处理服务 WPS 的操作接口，从而实现利用已有的空间分析服务对加载的地理空间数据实施计算的功能。

Cesium 是一款使用 WebGL 的地图引擎，基于 JavaScript 编写。Cesium 支持 2D、2.5D 和 3D 形式的地图展示，可以自行绘制图形，高亮强调区域，且支持绝大多数的浏览器和 mobile。通过 Cesium 提供的 JavaScript API，可以实现以下功能：①矢量及模型数据加载；②全球高精度地形和影像服务；③基于时态的数据可视化；④支持多种场景模式（2D、2.5D 和 3D 场景），可实现真正的二维、三维一体化；⑤拥有 3D Tiles 规范，支持海量模型数据（BIM 数据、倾斜摄影测量数据、点云数据等）。

ECharts 是一个使用 JavaScript 实现的开源可视化库，涵盖各行业图表。Echarts 囊括丰富的可视化类型，提供了常规的折线图、柱状图、散点图、饼图以及用于地理数据可视化的地图、热力图、线图等。同时，多种数据格式无需转换可直接使用，内置的 dataset 属性（4.0+）支持直接传入包括二维表、key-value 等多种格式的数据源，此外还支持输入 TypedArray 格式的数据。数据的改变能够驱动图表展现形式的改变，为动态交互式推演提供技术支持。

§1.3 本章小结

本章首先阐述了海洋典型灾害事件以及情景推演的基本概念，分析了情景推演的国内外研究现状。然后，从情景演化的关键驱动力入手，明确了情景演化的模式以及提出了一种基于情景树的组织存储方法。最后，设计了情景推演的总体技术路线，详细介绍了情景构建、情景分析和情景可视化的相关方法与技术，为后续的研究内容奠定了理论基础。

第 2 章 情景构建技术

§2.1 情景构建概述

在"情景-应对"管理模式中，突发灾害事件有较强的情景依赖性，因此情景构建是应对灾害的基础。目前，对于情景的定义大致有以下几种："情景"是某一时刻现场的场景或应急处置力量的状态，包括空间的信息、伤亡信息和资源损耗等（王文俊，2015）；将"情景"界定为应急决策主体所面对的突发灾害事故发生、发展的态势，其中的"态"是指灾害事故当前所处的状态，"势"是指灾害事故未来的发展趋势，是当前状态发展到未来的一个结果（姜卉，隋杰，等，2009）；"情景"是对事物所有可能的发展态势的描述，包括对各种特征的描述，也包括对各种态势发生可能性的描述（杨文国，2009）。基于上述几种情景的定义，可将情景定义为在灾害演变过程中所有灾害事故要素的状态集合。

情景构建是指通过国内外大量的典型历史案例，分析能够预测到的未来风险以及威胁，从灾害事件发生的条件、演化的繁琐程度以及后果严重度等方面对某类突发事件整个情景展开描述，并在此基础上评估各项应急能力，从而完善应急预案体系，指导相关部门应急演练，并对应急资源和应急能力进行检验，最终系统性地增强对地区灾害性事件的应急能力。情景构建主要分为三个阶段：

（1）收集近年来发生的典型案例资料，包括事件起因、经过、后果、采取的应对措施及经验教训，并依据国际、国内和地区经济社会发展形势变化，以及环境、地理、地质等方面出现的新情况，给出未来可能产生非常规重大突发事件的风险预期。

（2）以事件为中心评估与收敛。首先按时间序列描述事件发生、发展过程，分析事件演化的主要动力学行为，然后经过梳理和聚类，从复杂多变的"事件群"中归纳出具有若干特征的要素和事件链，辨识不同事件的共性特点，建立同类事件的逻辑结构。

（3）集成并描述情景。首先按照事件的破坏强度、影响范围和复杂性，建立所有事件情景重要度和优先级的排序，再对事件情景进行整合与补充，筛选出最少数和共性最优先的若干个情景。然后根据应急准备战略需求和实际能力现状，提出应对草案，并以此为蓝本，通过专家评审和社会公示等形式继续完善。

目前情景构建（scenario development）主要有以下八类方法：

（1）判别法，此类方法主要基于专家对未来发展态势的判断，使用信息、类比和推理来验证他们的主张。

（2）基线/预期（baseline/expected）法，此类方法预期未来是一种似是而非的状态，并将对这种状态的描述称为情景。

（3）固定场景细化（elaboration of fixed scenarios）法，这类情景构建技术都是从头开始构建情景（从一个提前确定的情景开始），即构建一系列情景，其思想是详细说明情景逻辑，即情景是关于什么的最简单描述。

（4）事件序列（event sequence）法，此类方法将假设未来发生的事件和历史发生的事件都看作一系列事件，那么未来每个事件的发生都存在可能性，未来这些点上的每个分支都取决于事件是否发生。实际中未来事件点上可能发生不止一件事情，在这种情况下串联一些分支，就构建起了概率树（probability trees），概率树和决策树在形式上是一致的，只不过决策树需要对每个分支做出决策。

（5）展望（back casting）法，此类方法认为未来是现在的延伸，通过时间轴来表达情景的延伸关系。但是这种方法保留了"过去"的太多包袱，限制了对未来的想象，难以实现通过"思考不可想象的事情"去构建情景。

（6）维度不确定性（dimensions of uncertainty）法，最早人们使用情景的原因是基于"预测"本身固有的不确定性，人类行为从来不像物理现象那么有规律。因此，情景首先被构造出来用于辨识不确定性的根源，并根据这些不确定的因素如何发挥作用来构造不同的预测。

（7）交叉影响分析（cross-impact analysis，CIA）法，即首先分析连接事件和变量的关系，然后将这些关系相对于彼此分类为正向和负向，用于确定在给定时间范围内最可能或最不可能发生哪些事件或情景的方法。

（8）建模（modeling）法，此类方法是基于情景中的一些变量对另一些变量影响的方程，输出目标变量的期望值，以此产生新的情景。

情景构建对于后续的情景推演具有重要意义，它可以帮助决策者在面对灾害事件应急管理时找到可供参考的案例和依据，使决策者对灾害做出快速应对，避免和减少由灾害引发的次生衍生灾害的威胁，降低其对人类社会产生的不利影响，提高应急决策者决策的有效性和准确性，推动灾害向可预测的方向演变，最终减少人员伤亡、财产损失及社会的不稳定，它是情景建模、情景识别、情景匹配的基础。

§2.2　情景表达与存储

2.2.1　情景的表达

从完整的事件出发，按照"事件—情景—情景要素"的分级方式将一个事件剖分为多个情景，并将每个情景看作多个情景要素的组合，这种分级形式把一个独特的事件分解成许多相对独立的、可共享的情景要素，既方便计算机存储表达，也便于耦合事件的表示。如图 2.1 所示，基于公共安全的"三角形"框架，把零散的情景要素分为致灾因子、承灾体和抗灾体三类，再出于情景库建设的需求，增加了孕灾环境这个第四类属性，这样便形成了事件、情景及情景要素的层次关系，明确了情景表达的内涵。

将情景要素分为承灾体、致灾因子、抗灾体和孕灾环境四类，赋予情景要素在情景中

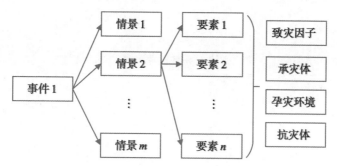

图 2.1 事件、情景、要素及要素分类层次关系图

担当的角色，方便进行情景分析。单个灾害中，承灾体、致灾因子、孕灾环境和抗灾体之间的关系如图 2.2 所示。在灾害情景分析（Disaster Scenario Analysis）中，每一个情景由致灾因子、孕灾环境、承灾体和抗灾体四个类别的情景要素组成，致灾因子产生于孕灾环境并反过来作用于孕灾环境；它波及承灾体，造成承灾体受损；承灾体的损失会影响救援力量的投入和减灾救灾工作。图 2.2 还列出了四类要素的关键属性，其中，致灾因子最重要的属性是它本身的时空信息，反映灾害的蔓延情况，方便分析潜在的影响区域；孕灾环境的重要属性是各类与致灾因子相关的监测指标；承灾体的关键属性是它的位置信息和受损状态、脆弱性；而抗灾体的关键属性是救援队伍和物资装备的状况，以及涉及具体灾害减灾过程中的减灾能力。

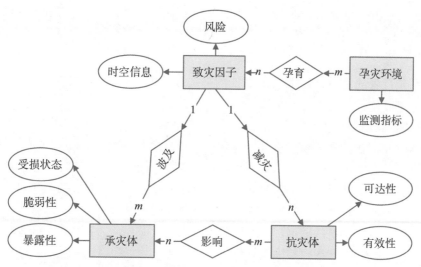

图 2.2 承灾体、致灾因子、孕灾环境、抗灾体 E-R 图

情景要素用一个整体结构模型来表示，包括要素名称、特征集和属性状态集，其一般结构可以表示成向量：$K = (N, C, S_t)$，N 是要素名称，用于区分不同的要素；C 为要素

特征，描述要素的数量、质量、价值等基本的通常为静态的特征；S_t 为要素的状态，描述要素的空间分布位置、受影响情况等通常默认随时间变化的指标。具体的解释见表 2.1。

表 2.1　　　　　　　　　　　　　　　情景要素数据库表模板

属性类别	属性名称	取值类型	说　　明
N	三级编码	字符型	该要素所属类别的三级编码
	ID	字符型	用于唯一确定情景要素
	名称	字符型	直观呈现要素类别
C	特征集	集合	描述数量、质量、价值等静态特征
S_t	状态集	集合	时间空间分布信息

因此，可以将一个情景定义为多维情景要素集合：$S_t = (H, A, E, M)$，其中，H 是致灾因子，A 是承灾体，E 为孕灾环境，M 是抗灾体，K 表示单个情景要素。在此基础上，整个事件 S 可以表示为多维情景序列，用于安全熵的计算和其他情景评价。

$$S = (S_{t1}, S_{t2}, \cdots, S_{tm})$$

$$= \begin{bmatrix} (H_{t1}, A_{t1}, E_{t1}, M_{t1}) \\ (H_{t2}, A_{t2}, E_{t2}, M_{t2}) \\ \vdots \\ (H_{tm}, A_{tm}, E_{tm}, M_{tm}) \end{bmatrix} = \begin{bmatrix} (K1_{t1}, K2_{t1}, K3_{t1}, K4_{t1}, K5_{t1}, K6_{t1}, \cdots) \\ (K1_{t2}, K3_{t2}, K4_{t2}, K5_{t2}, \cdots) \\ \vdots \\ (K1_{tm}, K3_{tm}, K4_{tm}, K5_{tm}\cdots) \end{bmatrix} \quad (2.1)$$

2.2.2　情景分类与分级

1. 情景分类

由于情景自身的时空特性以及与事件的强关联性，可将情景根据灾害事件类别、时间、空间等维度进行分类。

1）按事件类型划分

根据《中华人民共和国突发事件应对法》（以下简称《突发事件应对法》）和《国家突发公共事件总体应急预案》（以下简称《总体应急预案》），可将突发事件分为自然灾害、事故灾难、公共卫生事件、社会安全事件四大类。因此，可将突发事件情景分为自然灾害情景、事故灾难情景、公共卫生事件情景和社会安全事件情景四大类。

其中海洋环境安全事件依据性质不同分为四大类：海洋动力灾害事件、海洋生态灾害事件、海上突发事件、海洋权益维护事件。

（1）海洋动力灾害事件，包括风暴潮、海浪、海啸、海冰、海岸侵蚀、海平面变化等。

（2）海洋生态灾害事件，包括浒苔灾害、赤潮、水母泛滥、生物入侵等。

（3）海上突发事件，包括海上溢油灾害事件、危险化学品泄漏、海上核设施事故、水域污染、非法倾倒危险废物、钻井平台火灾、船舶碰撞、船舶触礁、船舶搁浅事故、船舶遭受风灾事故、船舶火灾、船舶失踪、船舶海上遇险、沿海渔业设施事故、渔船事故、海上坠机等。

（4）海洋权益维护事件，包括外占岛礁填建、外国船舶非法测量、争端海域管控、偷渡案件、劫持船舶事件等。

因此，按照事件类型，海洋环境安全事件情景也可以分为海洋动力灾害情景、海洋生态灾害情景、海上突发事件情景和海洋权益维护情景四类，并根据具体的灾害进行细分。例如，台风情景包括 2018 年"山竹"台风情景、2019 年"利奇马"台风情景、2020 年"莲花"台风情景等。

2）按发展时间划分

由于致灾因子本身随时间的变化，灾害事件情景随时间的推移而演化，同一区域不同时刻或不同时间段的情景不尽相同。因此，以 2018 年 22 号台风"山竹"为例，可划分为"'山竹'9 月 7 日 20 时"情景、"'山竹'9 月 15 日 18 时"情景、"'山竹'9 月 16 日 17 时"情景等。

3）按研究区域划分

情景不仅需要时间维度的约束，更需要空间维度的限制，失去空间范围限制的情景在实际应用中将失去现实意义。不同的空间范围圈定了不同类别、数量的承灾体，也决定了不同规模的应急资源和力量。因此，在情景推演相关研究中，研究者需要确定研究区域，研究区域自然也成为了情景分类的标准之一。例如，可将海上溢油情景分为"东海溢油"情景、"渤海溢油"情景、"南海溢油"情景等。

2. 情景分级

与地图表达中地理信息融合领域面临的困难类似，情景分级也需要应对分级标准难以界定的问题；与单纯空间维度的地图不同，情景还具有时间维的属性，更增添了分级的难度。

情景大到可以代表一个事件，小到可以表示短短一个时间片段内人物的一个动作。例如，分析多事件的耦合关系时，可以将同时发生的每一个灾害事件都看做一个情景；但是在分析单个事件的发生发展过程时，情景代表的是事件发展过程中的每个关键阶段；而到了研究某个过程中各组成部分之间的相互作用关系时，组成部分的某个关键属性变化也会发展为一个新的情景。

遵循"事件—情景—情景要素"的层次关系，可将情景分为事件级、过程级和要素级三个等级。如图 2.3 所示，事件级情景级别最高，主要运用在较粗略的事件概述和共现分析中，如一次溢油事故，可以看作一个"溢油情景"。过程级情景表示在事件发展过程中一段时间内系统所有的动作和状态，一个事件包含多个过程情景，如一次溢油事件，可能存在燃油泄漏、油膜扩散、油膜燃烧、油膜爆炸等多个情景。第三级情景的关注点则转移到情景要素上，关键情景要素的增减、关键情景要素属性的变化都会引起情景的变化。

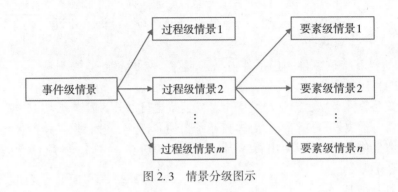

图 2.3　情景分级图示

2.2.3　基于情景树的情景组织与存储

第 1 章 1.2.2 节介绍了情景演化的模式，可以发现情景演化都是以某一情景为节点生成多个分支，这与树结构非常相似，因此定义"情景树"结构，用于情景推演过程中情景的组织和存储。

情景树（Scenario Tree）是由 n 个情景组成的有限集合，其中：

（1）每个情景称为情景节点（node）；

（2）初始情景称为根节点或根（root）；

（3）除根节点外，其余节点被分成 m（$m \geq 0$）个互不相交的有限集合，而每个子集又都是一棵树（称为原树的子树）；

（4）没有子节点的节点称为叶子节点（leaf）。

如图 2.4 所示，S_A 为初始情景，也是情景树的根节点，共演化出了 9 个子情景。在此结构中每个子情景都能找到其父情景，因此可增加 Parent 字段便于自下而上的检索。但有时需满足自上而下的检索，因此还需要增加 Children 字段。见表 2.2，根节点的 Parent 定义为−1，其余节点的 Parent 为其父节点的下标。叶子节点的 Children 定义为 Null，便于随时插入新情景，其余节点的 Children 为其子节点的下标。

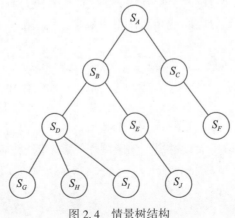

图 2.4　情景树结构

表 2.2   情景树存储数据结构

下标	Data	Parent	Children
0	S_A	−1	1，2
1	S_B	0	3，4
2	S_C	0	5
3	S_D	1	6，7，8
4	S_E	1	9
5	S_F	2	Null
6	S_G	3	Null
7	S_H	3	Null
8	S_I	3	Null
9	S_J	4	Null

从同一父情景演化得到的多个子情景可能由不同关键驱动力驱动所致，表示不同的演化可能性，同级子情景之间不存在时间先后顺序，因此 Children 字段多个子节点的值不需要用线性（单链）表表示，用一个简单的数组囊括即可。在实际应用中，一棵情景树对应一个对象，用 JSON 格式存储传输。

§2.3　基于本体模型的情景构建技术

2.3.1　本体模型概述

本体概念起源于哲学领域，最初被定义为研究"存在"的科学，其最初的目标是将现实世界划分为基本的种类或类别。在 20 世纪下半叶，随着计算机技术与信息科学技术的发展，研究者们将本体模型引入计算机科学领域与信息科学技术领域，给予了本体不一样的定义与拓展。此后，本体也被应用于人工智能、图书馆学、物流等领域。本体最重要的作用是使本领域的知识得到共享与重用，使领域内不同系统与模型直接能够互操作。本体的目标是捕获领域相关知识，提供该知识领域的共同理解，确定领域共同认可的词汇，并从不同层次形式化给出这些词汇之间互相关系的明确定义。

本体是对概念的解释说明，描述了领域内的对象、概念和实体之间的关系，是对概念明确、形式化、可共享的规范说明。本体将现实世界的事物抽象成概念，给予这些概念明确的定义与约束，利用计算机对其进行形式化表述，再通过操作系统交互等手段实现共享。本体的作用主要有以下几点：

（1）分析领域知识：本体是将现实世界事物抽象成概念并分析它们之间的相互关系及属性，因此利用本体方法，能够对某个特定领域知识进行分析。

（2）重用领域知识：对于每个研究人员来说，获取其他领域的知识概念及其关系网是不方便的，而通过利用他人建立的本体，可轻松获取其他领域知识。

（3）由第（2）点即能引出第（3）点，就是知识共享，现阶段本体来自计算机，能够在不同操作系统间共享。

（4）维护对某一领域知识共同的定义与认识。如果没有一个统一的本体，对于统一领域知识，每个人的认知可能会不一样，但是对于一个统一的本体，再通过共享，则每个人得到的知识都是一样的。

（5）查询推理：利用本体可轻松开展一些查询推理类的工作，利用计算机与现成的本体进行推理查询，其速度与准确度都远远超过手工与人脑。

2.3.2　情景本体构建

在本体模型中，将本体分为概念（Concept）、关系（Relation）、函数（Function）、公理（Axiom）和实例（Instance）五个元素。其中，概念是指事物、功能或者行为的抽象描述；关系是指这些概念之间的联系，这些联系包括同义关系、反义关系和继承关系、部分关系以及其他的特定关系；函数是指概念之间可以用函数来表达它们之间的转化关系；公理是指某一领域知识内的特定的事实，可以用来推理出概念之间的关系；实例是指概念的具体化。

本体建模一般分为以下七个步骤：

（1）确定自己要建的本体的领域范围和应用。

（2）搜集和自己将要构建的本体相关的本体，尽量重用这些本体。

（3）根据自己研究的领域，把这些领域里面的术语搜集起来，做成术语库。

（4）将术语以及相关概念用层次框架体系列举出来。

（5）将这些术语和相关概念的数据属性和关系属性列举出来。

（6）对前面步骤中的概念和属性用其定义域、值域和值来表达。

（7）根据前面构建的完整的本体模型建立相应的实例，这个实例是本体模型中各类要素的映射。

针对海洋灾害事件，在构建本体模型时，首先确定本体的领域范围和应用，分别对浒苔灾害、风暴潮灾害和海上溢油灾害三大类海洋灾害中每一类本体都建立专门的情景库。在构建情景的本体时，参考应急领域的三要素，引入致灾因子、承灾体、抗灾体三个概念进行本体分类，然后再对这些概念进一步划分。在应急领域中，有一些专业的词汇，比如"增水""输油管道"等，在日常出现的概率一般都较小，可以通过查阅相关专业书籍资料来确定，将术语以及相关概念用层次框架体系、数据属性和关系属性列举出来。最后将上述的概念和属性用其定义域、值域、值表达。根据前面构建的本体模型建立相应的实例，这个实例是本体模型中各类要素的映射。

情景构建的实现方面，利用本体建模软件 Protégé 进行情景本体建模，采用标准OWL 语言描述，利用 Jena 实现基于情景本体的查询和推理。在构建海洋灾害情景本体时需要尽量重用已有的本体模型，根据灾害系统的研究理论，灾害系统可以分为致灾因子、承灾体和抗灾体。其中致灾因子为导致灾害的要素，承灾体为受到海洋灾害侵害的各个要素，抗灾体是为了减灾而做出的各个行动措施要素。结合海洋灾害发生时，周围环境能对灾害事故发展产生重要影响，将孕灾环境作为重要因子纳入情景描述范围之内。因此，可将孕灾环境、致灾因子、承灾体和抗灾体四个本体作为海洋灾害情景一级概念。在一级概念的基础上，根据情景的实际情况再进行更细致的概念划分，扩充完善情景中的本体，例如在构建孕灾环境本体时，引入洋流本体对其进行描述。需要强调的是，在构建抗灾体本体时，要查阅相关专业文献来确定，包括应急措施手段及其适用的场合、应急措施法律法规、应急案例、应急知识等。最后根据上述构建的情景本体模型建立实例，构建海洋灾害案例库。

2.3.3 基于本体模型的情景构建实例

根据上述情景本体模型，海洋灾害情景本体中包括致灾因子、承灾体、抗灾体和孕灾环境，在此分别以风暴潮灾害事件、海洋溢油灾害事件和浒苔灾害事件作为实例，构建以下本体模型实例：

1. 实例一——以美国墨西哥湾溢油情景和瓦尔迪兹油轮溢油情景为例

美国墨西哥湾溢油情景："深水地平线"钻井平台位于美国路易斯安那州威尼斯东南约82km的海面，由韩国现代重工业公司造船厂于2001年建成。钻井平台长121m，宽78m，最大钻探深度达8.85km。2010年4月20日，该钻井平台深夜发生爆炸并引发火灾，导致溢油，总溢油量达9亿升。墨西哥湾拥有丰富的生物资源，包括鱼类，鸟类，浅滩、沼泽和红树林，以及海湾岸上的哺乳动物等。此次事故导致960km海岸线被污染，死亡的动物包括445种鱼类、134种鸟类、45种哺乳动物、32种爬行和两栖动物。

瓦尔迪兹油轮溢油情景：1989年3月24日，从瓦尔迪兹港驶出的Exxon·Valdez号超级油轮触礁搁浅，致使8个油舱破裂，溢油总量达50万升。此次事故造成了美国历史上在墨西哥湾事故之前最大的环境灾难。事故发生后的几天里，海獭、海鸟、鱼类等动物尸体遍布周围海滩和陆地。据统计，事故造成40万只海鸟、4000头海獭、200只斑豹死亡。事故发生后，政府和民间总共投入11000多人、1400艘船舶和85架飞机参与清污工作。

基于以上情景，首先构建本体中的概念，如图2.5所示。然后，定义情景本体概念之间的关系属性，见表2.3。

表2.3 溢油关系属性

关系属性	定义域	值域	含义
induceDisaster	致灾因子	承灾体	导致灾害
againstDisaster	抗灾体	承灾体	减少灾害

构建得到的本体网络如图2.6所示。将该本体结构导出为OWL文件，其部分形式如

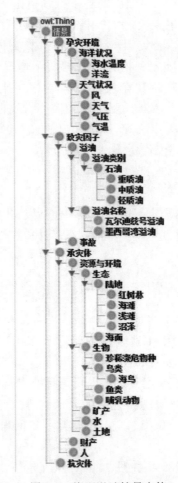

图 2.5　海上溢油情景本体

图 2.7 所示，在文件中定义了节点之间的层级关系以及概念之间的关系。

2. 实例二——以 2017 年黄海绿潮事件情景为例

2017 年黄海绿潮事件描述如下：初始时刻，苏北浅滩紫菜养殖区域的紫菜筏架上附着大量绿藻。在收割紫菜清理筏架时，筏架上的绿藻脱落成为漂浮绿藻，并在自然风流的作用下逐渐聚集。浅滩区是绿潮防控的第一道防线，通过控制浅滩区微观繁殖体数量及其在筏架上的附着过程，调整筏架回收时段的工作，减少附着浒苔的入海量，有望显著降低苏北浅滩的漂浮绿藻量。

若第一道防线没有控制住，绿藻在苏北浅滩海域漂浮聚集，浒苔成为优势物种。由于处于苏北浅滩区的漂浮绿藻前期生物量低、分布范围相对也小，在浒苔离开苏北浅滩初期开展打捞活动将显著提高防灾效率，这也是浒苔防控的第二道防线。

若第二道防线失守，浒苔集中进入黄海，此情景中浒苔主要是在风流作用下漂移，并在适宜温盐条件下快速繁殖，漂向青岛沿岸，或者停留在其他海域。

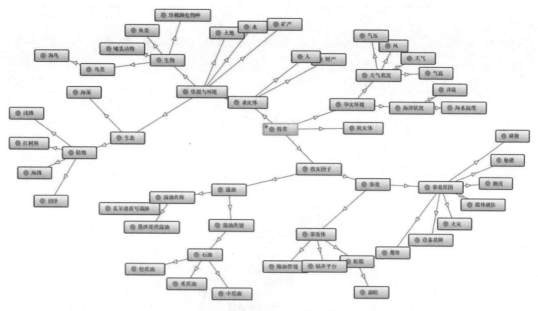

图 2.6 溢油情景本体网络

```
<!-- http://www.semanticweb.org/sgg-gis-lyb/ontologies/2019/6/untitled-ontology-5#中质油 -->

<owl:Class rdf:about="http://www.semanticweb.org/sgg-gis-lyb/ontologies/2019/6/untitled-ontology-5#中质油">
    <rdfs:subClassOf rdf:resource="http://www.semanticweb.org/sgg-gis-lyb/ontologies/2019/6/untitled-ontology-5#石油"/>
</owl:Class>


<!-- http://www.semanticweb.org/sgg-gis-lyb/ontologies/2019/6/untitled-ontology-5#事故 -->

<owl:Class rdf:about="http://www.semanticweb.org/sgg-gis-lyb/ontologies/2019/6/untitled-ontology-5#事故">
    <rdfs:subClassOf rdf:resource="http://www.semanticweb.org/sgg-gis-lyb/ontologies/2019/6/untitled-ontology-5#致灾因子"/>;
</owl:Class>


<!-- http://www.semanticweb.org/sgg-gis-lyb/ontologies/2019/6/untitled-ontology-5#事故体 -->

<owl:Class rdf:about="http://www.semanticweb.org/sgg-gis-lyb/ontologies/2019/6/untitled-ontology-5#事故体">
    <rdfs:subClassOf rdf:resource="http://www.semanticweb.org/sgg-gis-lyb/ontologies/2019/6/untitled-ontology-5#事故"/>
</owl:Class>
```

图 2.7 溢油情景本体结构部分 OWL 文件

在沿岸设立警戒线，岸边防控的第三道防线在此区域展开，调用船只打捞，不允许浒苔登岸。

若第三道防线失守，浒苔最终登岸，需组织海上、陆上清污队伍集中处理，减少环境污染。整个事件到此结束。

2017 年黄海绿潮事件情景见表 2.4，浒苔灾害情景本体如图 2.8 所示，浒苔灾害情景本体网络如图 2.9 所示。

表 2.4   2017 年黄海绿潮事件情景

时间	情景分类	情 景 要 素	描述
2017-04-29T10：00：00Z	开始情景	海洋、陆地、大气、紫菜筏架、浒苔	爆发
2017-05-04T10：00：00Z	发展情景	海洋、大气、浒苔	风、浪影响
2017-05-26T10：00：00Z	发展情景	海洋、大气、浒苔、围栏	围栏
......			
2017-07-11T10：00：00Z	发展情景	海洋、大气、陆地、浒苔、渔场、打捞	打捞
2017-07-29T10：00：00Z	消失情景	海洋、大气、陆地、浒苔	停止

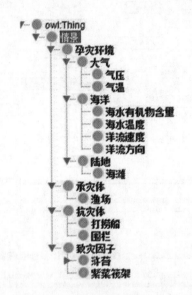

图 2.8　浒苔灾害情景本体

3. 实例三——以 2018 年"山竹"台风事件情景为例

"山竹"台风发展情况如下：2018 年 9 月 5 日，联合台风警报中心（JTWC）开始监测国际日期变更线附近的热带风暴；7 日 20 时，在西北太平洋形成，强度为热带低压，并命名为"山竹"；合适的环境条件加速了"山竹"的发展，包括低风切变、高空大量流出、高海表温度和高海洋热量；9 日，台风"山竹"不断汲取海水中的能量发展出"风眼"，国际气象中心将其强度升级为台风；10 日，台风"山竹"进入南海北部，发展成为强台风；11 日，当"山竹"横穿菲律宾海时，强度大增，第二轮快速增强是由于风暴明显加强，在此期间形成了一个明确的 39 千米（24 英里）的风眼，国家气象中心宣布"山竹"发展成为超强台风；12 日，台风"山竹"强度进一步加强，并预测在 18 时达到峰值，一分钟持续风速为 285 千米/时；15 日，台风"山竹"在菲律宾北部登陆，随后离开菲律宾移向南海；当日 18 时，广东省防总宣布将全省防风Ⅱ级应急响应提升为Ⅰ级，全

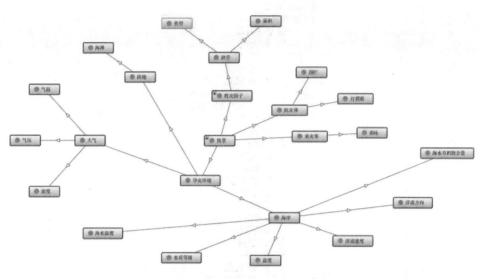

图 2.9 浒苔情景本体网络

省进入 I 级应急防备状态；16 日 17 时，台风"山竹"在广东台山海宴镇登陆，台风登陆时中心气压为 955hPa，中心最大风速高达 45m/s，风力为 14 级，10 分钟持续风速为 205 千米/时，1 分钟持续风速为 270 千米/时；17 日，其强度不断减弱，逐渐降为热带低压，中央气象台于 20 时停止对其编号；18 日，日本气象局认定台风"山竹"完全消散。

表 2.5 为台风"山竹"事件情景，图 2.10 为风暴潮情景本体，图 2.11 为风暴潮情景本体网络。

表 2.5 "山竹"台风事件情景

时间	情景分类	情 景 要 素	描述
2018-09-05T10：00：00Z	开始情景	海洋、陆地、大气、台风	暴发
2018-09-12T18：00：00Z	发展情景	海洋、大气、台风、风暴潮	风、气压、降水影响
2018-09-15T18：00：00Z	发展情景	海洋、大气、陆地、台风、风暴潮、人、船舶、码头、港口	人员撤离与救助
……			
2018-09-16T10：00：00Z	发展情景	海洋、大气、台风、风暴潮、船舶、码头、港口	船舶避港
2018-09-18T10：00：00Z	消失情景	海洋、大气、陆地、风暴潮	停止

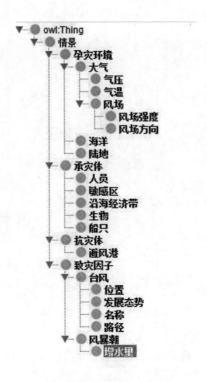

图 2.10　风暴潮情景本体

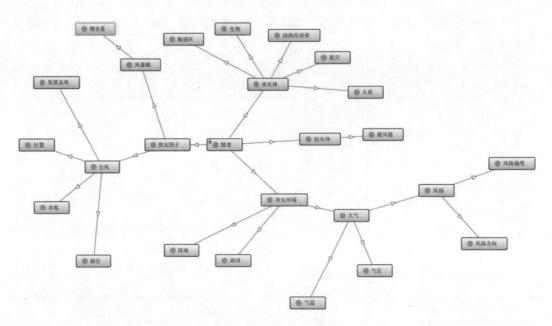

图 2.11　风暴潮情景本体网络

§2.4 基于自然语言处理技术的情景构建方法

构建应急响应情景能为决策者做出管理决策提供必要的基础信息。构建一个情景时，一般会优先参考历史事件中发生过的相似情景，自然处理技术能够帮助决策者从海量历史案例文本中抽取重要的信息节点，为情景构建提供重要的方法支撑。

自然语言通常指的是人类语言，是人类思维的载体和交流的基本工具，更是人类智能发展的外在体现形式之一。自然语言处理（Natural Language Processing，NLP）主要研究用计算机理解和生成自然语言的各种理论和方法，属于人工智能领域的一个重要分支，是计算机科学与语言学的交叉学科。自然语言处理涉及的任务众多，按照从低层到高层的方式可以划分为资源建设、基础任务、应用任务和应用系统四大类。其中，资源建设主要包括两大任务，即语言学知识库建设和语料库资源建设。语言学知识库一般包括词典、规则库等；语料库资源指的是面向某一自然语言处理任务所标注的数据，资源建设任务是上层各种自然语言处理技术的基础，需要花费大量人力和物力构建。基础任务包括分词、词性标注、句法分析和语义分析等，这些任务主要为上层应用任务提供所需的特征。应用任务包括信息抽取、情感分析、问答系统、机器翻译和对话系统等。应用系统特指自然语言处理技术在某一领域的综合应用，例如在智能教育领域，使用文本分类、回归等技术实现主观试题的智能评阅；在智慧医疗领域，帮助医生跟踪最新的医疗文献，帮助患者进行简单的自我诊断；在灾害应急领域，帮助决策者快速掌握灾情状态，提高对灾害发展趋势的预测精确度，挖掘灾害的时空格局、演化规律、活动模式和内在机理，强化综合应急抗灾减灾服务。总之，在涉及文本理解和生成的领域，自然语言处理技术可以发挥巨大作用。

本书提出了一种基于自然语言处理技术，从海上溢油突发事件相关历史案例的文字记录中提取溢油领域有关信息构建情景的方法，如图2.12所示。海洋溢油突发事件主要包括时间、空间以及其他属性信息，是一类典型的地理事件，目前针对事件信息抽取的方法主要包括基于规则和字典的模式匹配方法、基于统计的机器学习方法和解决序列标注问题的深度学习方法。但是，对于台风灾害，基于规则和字典的模式匹配方法需要手动构建抽取台风信息的知识库和语句表达式，该方法简单，识别精度高，但耗时长、维护成本高，且可移植性差。基于机器学习方法应用较为广泛，如最大熵模型（ME）、隐马尔可夫模型（HMM）、条件随机场（CRF）等，这些方法不需要制定繁琐的匹配规则，但需要大量人工参与语料标注，其对于语料库的标注质量具有较强的依赖性，如梁春阳（2019）等基于台风"莫兰蒂"相关的微博文本数据，利用条件随机场模型识别微博文本中的时空信息和灾损信息，并对灾情事件进行了聚合分析。杨腾飞等（2018）利用扩展上下文特征和匹配特征词的方法对微博文本中的台风灾损信息进行识别和分类，并绘制了台风影响的时空分布图。与传统的信息抽取方法相比，基于深度学习的方法能自动获取台风语料特征，特别是近年来基于神经网络的序列标注模型能够较好地挖掘上下文信息，减少了繁琐的人工构造特征，如长短期记忆网络（Long Short-term Memory，LSTM）、双向长短期记忆网络（Bidirectional Long Short-term Memory，BiLSTM），以及在此基础上进行组合或改进的各类神经网络模型，黄宗财（2019）等就基于 BiLSTM-CRF 模型提出了一种结合事件和语境特征的台风信息抽取方法，提高了对登陆时间和登陆位置信息的抽取准确率，这些不同网络结构的信息抽取模型具有较强的泛化能力，在实体识别和关系抽取等任务中表现出了较好的效果，然而这些方法无法表征一词多义，且在特定域任务的解决中存在训练语料较小的问题。在 2018 年以 GPT 和 BERT 为代表的基于深度 Transformer 的表示模型出现后，预训练语言模型在自然语言处理任务中得到了广泛运用，其通过充分利用大规模无标注的文本数据来挖掘丰富的文本语义信息，从而加深了自然语言处理模型的深度，补足了在特定域任务上的语料特征，可以很好地克服一词多义和语料规模小的问题，能够更好地获取字符、词语和句子级别的关系特征，从而提升模型的信息抽取能力。近年来，基于预训练模型的信息抽取方法也在其他特定域的信息处理任务中得到了广泛应用，如张靖宜等（2021）引入 BERT 和注意力机制实现了企业年报关键数据的自动提取。

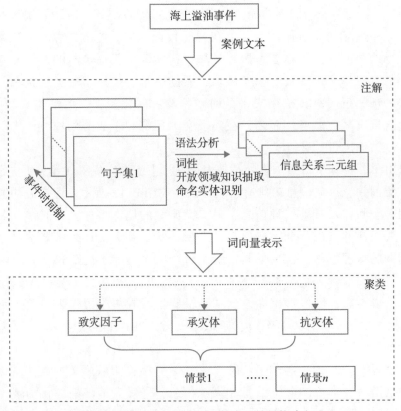

图 2.12　基于自然语言处理技术的情景构建方法

以海上溢油事件文本报告作为输入，首先将文本按照海上溢油事件的发展演化过程进行拆分，根据事件演化的时间转折点重组文字，拆分后的每段文字可以看作是整个事件中子事件的描述，例如图 2.12 中句子集 1 表示与情景 1 相关的描述性语句集合。接下来，以子事件为最小单位，对每个子事件的语句进一步提取信息，全部的文本基于注解（Annotation）处理，包括 Universal Dependencies（UD）分析句子语法结构，按照一定的规则得到信息关系三元组，形式如"关系（实体，实体/修饰）"，此步骤无差别提取信息关系三原组，即不管信息与海上溢油事件是否相关，都会提取出来作为备选信息。最后，对提取到的信息关系三元组进行筛选和归类。使用词嵌入（Word Embedding）技术计算提取出的词与海洋溢油领域的相关性，通过筛选的词作为情景要素填充到对应的情景中。下面将按照构建方法的流程依次介绍方法的原理和实现。

2.4.1　信息关系三元组提取

自然语言处理工具中，关系三元组（Relation Triple）一般是用来表示句子中词与词之间，实体与实体之间的关系。例如，UDS（Universal Dependencies）和 Enhanced++ UDS（Enhanced Plus Plus Universal Dependencies）表示句子中词的语法关系。本书中的信息关系三元组是在原始三元组结构的基础上做了一定的修改，综合了命名实体识别（Named Entity Recognition，NER）、语法分析（Parser）、词性分析（part-of-speech，POS）、开放领域知识抽取（Open Information Extraction，OpenIE）、UDS/Enhanced++ UDS 结果的新三元组，其结构形式为"关系（实体，实体/修饰）"。与 UDS/Enhanced++ UDS 中定义不同，其结构中的关系可以是自定义的关系；与开放领域知识抽取开放域关系中的对象均为实体也不同，这里的第二个实体可以是修饰词。信息关系三元组是用来表达目标与其修饰对象之间关系的最小单位。

命名实体识别用来标记文本中的单词，这些单词包含事物的名称，如人名和公司名、基因和蛋白质名或数字实体（货币、数字、日期、时间等）。在海上溢油灾害信息提取中，命名实体识别的主要用途是对人、组织和地点的识别与提取。语法分析的目的是确定句子的语法结构，例如，确定哪些词组放在一起，哪些词是动词的主语或宾语；语法分析注解使用 UDS 和 Enhanced++ UDS 用来对句子进行注解，以提供对句子中语法关系的简单描述。这些语法关系很容易理解，适合没有语言专业知识的人通过这些语法关系理解文本，进而提取感兴趣的信息；开放领域知识抽取开放域关系三元组，表示一个主题、一个关系和一个与关系相关的对象。开放领域知识抽取的优势在于：即使没有特定的域和训练数据，该方法也可以很容易地从开放域关系三元组中提取到所需的信息。从原始文本资料中提取信息关系三元组的流程如图 2.13 所示。

历史案例中包含的信息关系三元组提取是通过对原始语句语法结构分析展开的。经过语法结构分析，研究人员很容易识别句子中的主语（S）、谓语（P）和宾语（O），之后进一步对主语、谓语和宾语分析。如果主语是名词性质的词，即主语的词性标记（POS Tagger）的类型属于单数名词或不可数名词（NN）、复数名词（NNS）、单数专有名词（NNP）、专有复数名词（NNPS）或人称代词（PRP）中的任何一种时，我们需要对主语

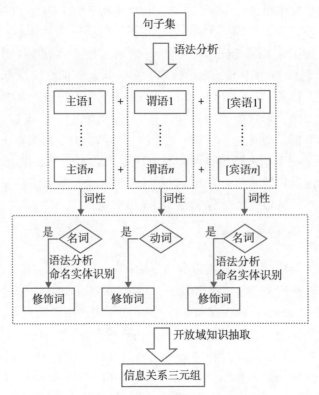

图 2.13　文本资料中信息关系三元组的提取

额外分析，寻找主语的修饰关系。表 2.6 列举了提取信息关系三元组信息时用到的语法修饰关系。

表 2.6　　　　　　寻找名词修饰关系用到的 **Enhanced++ UD** 注解类型

修饰关系	Enhanced++	语法关系三元组	示例短语
否定修饰（neg）	Neg	Neg（人员伤亡，无）	无人员伤亡
数值修饰（nummod）	Nummod	Nummod（吨，40）	溢油量 40 吨
形容词修饰（amod）	Amod	Amod（油轮，红色）	红色的油轮
名词修饰（nmod）	Nmod	Nmod（漂移，海岸）	溢油漂移向海岸
副词修饰（advmod）	advmod	Advmod（喷射，高）	火焰喷射 100 米高

与主语的词性不同，谓语词性一般是动词。谓语常常用来修饰主语对象的动作或主语个体的状态。所以，动词被当作信息关系三元组中的关系修饰主语和宾语（宾语如果存在的话），当宾语不存在时，动作常常表示主语的当前状态。例如，两艘油轮相撞，谓语"相撞"形容了两艘油轮的状态。

最后分析宾语，宾语常常被视作主语的被执行对象，这种情况下信息关系三元组中的两个实体就是主语和宾语。一般情况下，宾语也会有自己的被修饰关系，同主语一样使用表上的修饰关系类型可以寻找宾语的修饰关系。开放领域知识抽取到的信息会作为补充信息参与关系三元组的生成；另外，在提取开放域信息时，开放领域知识抽取会根据原始语句生成多个句子片段，类似于对句子进行重复采样以提高提取信息的能力，开放领域知识抽取到的信息作为前序分析的补充。

2.4.2　海上溢油灾害事件文本词向量表达

用统计的思路，我们有系列样本 (x, y)，其中 x 是词语，y 是词性，我们要构建 $f(x) \rightarrow y$ 的映射。自然语言里的词语是人类抽象总结的符号形式（如中文、拉丁文等），把符号转换成数值形式，或者说嵌入到一个数学空间里，这就是词向量（Word Embedding）技术。本书使用一个基于全局词频统计（Count-based & Overall Statistics）的词表征（Word Representation）工具 GloVe（Global Vectors for Word Representation）词嵌入模型将词映射到数学空间。GloVe 模型可以把一个单词表达成由实数组成的向量，这些向量捕捉到了单词之间的一些语义特性，比如相似性（similarity）、类比性（analogy）等。我们通过对向量的距离运算或者 cosine 相似度，可以计算出两个单词之间的相似性。共现矩阵考虑了词的上下文，不再认为单词是独立的。矩阵中的每一个元素 X_{ij} 代表单词 i 和上下文单词 j 在特定大小的上下文窗口内共同出现的次数。一般而言，这个次数的最小单位是 1，但是 GloVe 模型中根据两个单词在上下文窗口的距离 d 提出了一个衰减函数（decreasing weighting），其公式为：

$$\text{decay} = \frac{1}{d} \tag{2.2}$$

该函数用于权重计算，也就是说距离越远的两个单词所占总计数（total count）的权重越小。

构建词向量（word vector）和共现矩阵之间的近似关系，X_{ij} 表示词 j 出现在词 i 的上下文中的次数；X_i 表示单词 i 的上下文所有单词出现的总次数，即

$$X_i = \sum_k X_{ik} \tag{2.3}$$

$P_{i,j}$ 表示单词 j 出现在单词 i 的上下文中的概率，即

$$P_{i,j} = P(j \mid i) = \frac{X_{ij}}{X_i} \tag{2.4}$$

词的共现次数往往与其语义的相关性不是严格成比例的，所以单以共现性表征词之间的相关性效果并不好，因此 GloVe 模型引入第三个词，通过词之间的差异来描述相关性。词之间的差异选择用两个词与同一词的共现概率次数来判断词之间的相关性，定义为：

$$\text{ratio}_{i,j,k} = \frac{P_{i,k}}{P_{j,k}} = \frac{P(k \mid i)}{p(k \mid j)} \tag{2.5}$$

$\text{ratio}_{i,j,k}$ 的特性是，当词 j，k 相关时，如果 i，k 相关，则 $\text{ratio}_{i,j,k}$ 趋近 1，如果 i，k

不相关，则 $\text{ratio}_{i,j,k}$ 值很小；当词 j，k 不相关时，如果 i，k 相关，则 $\text{ratio}_{i,j,k}$ 值很大，如果 i，k 不相关，则 $\text{ratio}_{i,j,k}$ 值很大，趋近 1。以上推断可以说明通过概率的比例而不是概率本身去学习词向量可能是一个更恰当的方法，为了捕捉上面提到的概率比例，GloVe 构造了如下函数：

$$F(\boldsymbol{w}_i,\ \boldsymbol{w}_j,\ \widetilde{\boldsymbol{w}_k}) = \frac{P_{i,k}}{P_{j,k}} \tag{2.6}$$

式中，函数 F 的参数和具体形式未定，它有三个参数 $\boldsymbol{w}_i$，$\boldsymbol{w}_j$，$\widetilde{\boldsymbol{w}_k}$。在线性空间中要表达两个概率的比例差，最自然的方式就是向量作差，于是有：

$$F(\boldsymbol{w}_i - \boldsymbol{w}_j,\ \widetilde{\boldsymbol{w}_k}) = \frac{P_{i,k}}{P_{j,k}} \tag{2.7}$$

式中，$\dfrac{P_{i,k}}{P_{j,k}}$ 是一个值，左侧可以转换成向量内积形式 $(\boldsymbol{w}_i - \boldsymbol{w}_j)^{\mathrm{T}} \widetilde{\boldsymbol{w}_k}$，由于共现矩阵 $\boldsymbol{X}$ 是对称矩阵，应该有 $(\boldsymbol{w}_i - \boldsymbol{w}_j)^{\mathrm{T}} \widetilde{\boldsymbol{w}_k} = \widetilde{\boldsymbol{w}_k}^{\mathrm{T}} (\boldsymbol{w}_i - \boldsymbol{w}_j)$。为了满足这个条件，要求函数 F 满足同态特性（homomorphism），即

$$F((\boldsymbol{w}_i - \boldsymbol{w}_j)^{\mathrm{T}} \widetilde{\boldsymbol{w}_k}) = \frac{F(\boldsymbol{w}_i^{\mathrm{T}} \widetilde{\boldsymbol{w}_k})}{F(\boldsymbol{w}_j^{\mathrm{T}} \widetilde{\boldsymbol{w}_k})} \tag{2.8}$$

$$F(\boldsymbol{w}_i^{\mathrm{T}} \widetilde{\boldsymbol{w}_k}) = P_{i,k} = \frac{X_{ik}}{X_i} \tag{2.9}$$

令 $F = \exp$，于是就有：

$$\boldsymbol{w}_i^{\mathrm{T}} \widetilde{\boldsymbol{w}_k} = \log(P_{i,k}) = \log(X_{ik}) - \log(X_i) \tag{2.10}$$

由于 $\log(X_i)$ 是跟 k 独立的，只有与 i 有关，所以把其当作偏差项移到左边，得到公式：

$$\boldsymbol{w}_i^{\mathrm{T}} \widetilde{\boldsymbol{w}_k} + b_i + b_k = \log(X_{ik}) \tag{2.11}$$

式中，$\boldsymbol{w}_i^{\mathrm{T}}$ 和 $\widetilde{\boldsymbol{w}_k}$ 是我们最终要求解的词向量，b_i 和 b_k 分别是两个词向量的偏差项。对公式构造加权的均方差损失函数，就可以使用现有的语料库进行训练了。损失函数形式：

$$L = \sum_{i,\ k=1}^{V} f(X_{ik})(\boldsymbol{w}_i^{\mathrm{T}} \widetilde{\boldsymbol{w}_k} + b_i + b_k - \log(X_{ik}))^2 \tag{2.12}$$

使用 $f(X_{ik})$ 权重函数是因为语料库中肯定存在大量高频共现词，通过权重调整这些词在梯度修正中的比例，如果两个单词没有一起出现过，控制其不会参与到损失函数计算中去，也就是要满足 $f(X_{ik})$ 存在 $f(0) = 0$；

$$f(x) = \begin{cases} \left(\dfrac{x}{x_{\max}}\right)^{\alpha}, & x < x_{\max} \\ 1, & \text{其他} \end{cases} \tag{2.13}$$

本书遵循了 GloVe 模型作者建议的参数 $\alpha = 0.75$，$x_{\max} = 100$。

2.4.3　情景元素语义相似度计算方法

海上溢油情景元素存在语义聚类的特性，本节描述了 NQ-DBSCAN 算法在词向量聚类应用的细节以及部分改进。在包含了领域描述词和待分析的信息三元组实体词的原始高维度词向量集合 W 中选择词 w_i，由于本节内容重点是寻找与溢油领域相关的簇，所以初始 w_i 限定在预构建的领域描述词中随机选择，遍历获取它的 2ϵ 范围内的词。ϵ-neighborhood 是用描述词 w_i 和满足与它距离小于给定限制 ϵ 的词的集合，表示方式为：

$$N_\epsilon(w_i) = \{w_j \mid w_j \in W,\ d_{w_i,\,w_j} \leqslant \epsilon\} \tag{2.14}$$

式中，$d_{w_i,\,w_j}$ 表示词 w_i 和 w_j 的距离，由于提出假设时使用的词向量降维可视化算法采用的距离度量方法是欧氏距离，所以 $d_{w_i,\,w_j}$ 也沿用了欧氏距离计算。

首先，搜索 $N_{2\epsilon}(w_i)$ 范围所有词向量（搜索算法参见算法1，见表2.7），当 $\mid N_{2\epsilon}(w_i) \mid \leqslant \mathrm{MinPts}$ 时，集合 $\{w_j \mid w_j \in N_\epsilon(w_i)\}$ 是噪声点，舍弃。

接着，处理当 $\mid N_{2\epsilon}(w_i) \mid > \mathrm{MinPts}$ 的情况：计算 w_i 到 $N_{2\epsilon}(w_i)$ 集合中所有点的距离并保存到距离数组 $\mid \mathrm{DistArr},\ \mathrm{pLoc} \mid$ 中，pLoc 是与 DistArr 点序号一致的向量，按照升序排序 DistArr，即要求：

$$d_{w_i,\,\mathrm{pLoc}_i} \leqslant d_{w_i,\,\mathrm{pLoc}_{i+1}} \tag{2.15}$$

使用排序后的数组可以快速检测词向量 w_i 是否为中心点（core object），即需要满足条件 $\mathrm{DistArr}[\mathrm{MinPts}] \leqslant \epsilon$。如果 w_i 不是中心点，则使用二分查找（binary search）算法找到满足条件的集合，作为噪声点舍弃。

$$\{w_j \mid j \in \mathrm{pLoc}\ \mathrm{and}\ d_{w_i,\,w_j} < \mathrm{DistArr}[\mathrm{MinPts}] - \epsilon\} \tag{2.16}$$

如果 w_i 是中心点，则继续通过可达性规则扩展簇（扩展簇算法参见算法2，见表2.8），直到找遍全部符合要求的点。搜索区域内词向量算法根据以下定理实现：

定理 1：假定 w_i，w_j，w_k 是词集 W 中的词向量，如果 $d_{w_{i,j}} < \epsilon - d_{w_{i,k}}$，则 $w_j \in N_\epsilon(w_i)$。

定理 2：假定 w_i，w_j，w_k 是词集 W 中的词向量，如果 $d_{w_{i,j}} > \epsilon + d_{w_{i,k}}$，则 $w_j \notin N_\epsilon(w_i)$。

定理 3：假定 w_i，w_j 是词集 W 中的词向量，已知 $N_\epsilon(w_i)$ 时，在搜索 $N_\epsilon(w_j)$ 时，那么符合条件的范围应当满足：

$$d_{w_{i,\,\mathrm{low}-1}} < \epsilon - d_{w_{i,j}} < d_{w_{i,\,\mathrm{low}}} \tag{2.17}$$

$$d_{w_{i,\,\mathrm{high}}} < \epsilon + d_{w_{i,j}} < d_{w_{i,\,\mathrm{high}+1}} \tag{2.18}$$

式中，low 和 high 分别表示 $N_\epsilon(w_i)$ 集合中 pLoc 序列的起始和终止位置。获取到簇 C 后，对簇内的未分类词分析并归类。根据 NQ-DBSCAN 算法处理得到的簇 C 不包含图上的噪声点 1，2，3，4。簇 C 中的向量由未分类的词 C_A 和情景元素词 C_B 组成，设 $C_{Ai} \in C_A$，$C_{Bi} \in C_B$。对词 C_{Ai} 给定 C_B 范围内求临近词 $N_\epsilon(C_{Ai},\ C_B)$，公式扩展为：

$$N_\epsilon(C_{Ai},\ C_B) = \{C_{Bi} \mid C_{Bi} \in C_B,\ d_{c_{Ai},\,c_{Bi}} \leqslant \epsilon\} \tag{2.19}$$

C_{Ai} 所属的情景元素类是取 $N_\epsilon(C_{Ai},\ C_B)$ 中包含的被标记过类别的情景元素词中更多的一类。$N_\epsilon(w_i)$ 簇搜索算法见表2.7，扩展簇算法见表2.8。

表 2.7 　　　　　　　　　　　　　　　**算法 1**

算法 1：$N_\epsilon(w_i)$ 簇搜索

输入：

　　词向量 W

　　当前词 w_i

　　总体距离数组 DistArr

　　总体词序列编号数组 pLoc

　　距离阈值上限 ϵ

　　成簇词数阈值下限 MinPts

输出：
$$N_\epsilon(w_i)$$

　　//根据定义 1、2、3

　　查找 low 索引，满足 $\text{DistArr}(\text{low}) > d_{W,\,w_i} - \epsilon$

　　查找 high 索引，满足 $\text{DistArr}(\text{high}) > d_{W,\,w_i} + \epsilon$

　　$N_\epsilon(w_i) = \text{pLoc}(1:L) \cup \{w_j \mid w_j \in \text{pLoc}(L:U),\ s.t.\ d_{w_j,\,w_i} < \epsilon\}$

表 2.8 　　　　　　　　　　　　　　　**算法 2**

算法 2：扩展簇算法

输入：

　　词向量 w_i

　　词序列 pLoc，存储全部的 $N_{2\epsilon}(w_i)$ 词索引

　　距离数组 DistArr，存储全部的 $N_{2\epsilon}(w_i)$

　　距离阈值上限 ϵ

　　成簇词数阈值下限 MinPts

输出：

　　w_i 密度可达的词向量集合

　　步骤 1：查找 pLoc 中满足 $\{w_j \mid j \in \text{pLoc},\ d_{w_j,\,w_i} \leqslant \epsilon\}$ 的词向量集。遍历 w_j，如果 w_j 未被分类，搜索 $N_\epsilon(w_j)$。当 $|N_\epsilon(w_j)| \geqslant \text{MinPts}$ 时，$N_\epsilon(w_j) = N_\epsilon(w_i) \cup N_\epsilon(w_j)$；

　　步骤 2：从步骤 1 处理后的集合中，选择一个未被分类的 w_j；

　　步骤 3：如果 $N_{2\epsilon}(w_j)$ 是核心点，计算 DistArr 和 pLoc，排序后重复步骤 1。

　　通过聚类算法找到与海上溢油灾害事件领域相关的信息三元组后，我们需要进一步判断信息三元组描述的具体内容是情景元素中的哪个属性。本节中的海上溢油灾害情景元素是遵循面向对象的结构设计，例如海洋生物情景元素包含死亡数目属性，1989 年 3 月 24 日发生的海上溢油事故"EXXON VALDEZ"案例中确实有提取到的信息三元组为"数目（海獭，1000）""数目（死鸟，35000）"，根据三元组中的实体词汇"海獭""死鸟"可以将信息三元组归类到海洋生物类，根据关系"数目"可以与海洋生物情景元素中的

"数量"对应。数量和数目的相似度计算方法如下，待计算相似度的关键词 w_i 和 w_j 用词向量 $(x_1, x_2, \cdots, x_n)$ 表示：

$$s(w_i, w_j) = \frac{w_i \cdot w_j}{|w_i||w_j|} \tag{2.20}$$

根据实验结果和经验，当 $s(w_i, w_j)$ 值大于 0.75 时，就可以判断被计算的词具有显著的相似性，可以将信息关系三元组提取到的"实体/修饰"值赋予该海上溢油突发事件情景元素的属性。

§2.5 基于 DS 证据理论的情景构建技术

2.5.1 证据推理理论

1. 简介

证据推理起源于 D-S 证据理论，证据推理法以不确定性推理、信息融合、模糊数学、效用理论等多种先进评价决策理论为基础，能够在不确定因素存在的前提下有效地解决对定量、定性指标的评价问题，目前已经成为处理不确定多属性决策问题最具代表性的方法之一，广泛应用于工程设计选择、组织自评、安全与风险评估、不确定推理、多传感器信息融合、模式识别、图像处理、故障诊断等领域。

证据推理法的核心是在多属性评价框架和 D-S 理论证据组合规则的基础上发展起来的一种算法。该算法可用于聚合多级结构的属性。许多决策问题都涉及定量的多属性以及定性的性质。证据推理法提供了针对一种理论上合理、可靠、可重复和透明的方法和工具来处理不确定多属性决策分析问题（Multiple Attribute Decision Making，MADM），相关算法将在下文详细介绍。

证据推理法主要有以下特点：

（1）能够同时处理定量数据和定性数据；

（2）可以通过置信度表征评价结果的不确定性；

（3）可以对不完备的信息进行建模和融合。证据推理作为不确定多属性决策问题的一种代表性方法，既可以处理定量属性，也可以处理定性属性。在处理过程中，正确表达和利用不确定信息是进行合理决策分析的关键。

近年来，信息融合得到了越来越多的关注，成为全球的研究热点之一。融合（Fusion）的概念出现于 20 世纪 70 年代初期，是指收集并集成各种信息源、多媒体和多格式信息，生成完整、准确、及时和有效的综合信息过程。20 世纪 80 年代以来，信息融合技术得到飞速发展，该技术是研究如何加工、协同利用多元信息，并使不同形式的信息相互补充，以获得对同一事物或目标的更客观、更本质的信息综合处理技术。根据国内外研究成果，信息融合是指充分利用不同时间和空间的多个传感器测得的数据信息，运用现代数学方法和计算机技术，对这些数据信息进行分析和使用，获得对被测对象的一致解释与描述，进而实现相应的决策与评估的信息处理过程。信息融合是针对一个系统中使用多种传感器这一特定问题而展开的一种信息处理的新研究方向。近年来，多传感器信息融合系统技术获得了普遍关注。将来自多传感器或多源的信息和数据进行综合处理，从而得出更为准确可信的结论，这个综合过程有多种名称，如多源合成、多传感器数据融合、多源信息融合、多传感器混合、信息融合、数据融合，后两种说法应用较多。本文将不加区分地使用信息融合和数据融合这两个术语。

　　本节创新性地将证据推理理论应用于台风灾害情景构建。由于不同的情景要素，数据获取方式、精度、系统组成各个环节、外部环境影响、数据后处理等各个因素具有不确定性，从而导致构建的情景具有不确定性。在融合情景要素至情景的过程中，不确定性作为情景要素的一个基本特性，对其进行表示和推理是融合构建情景必须考虑的因素，因此基于证据推理理论进行情景构建。

　　2. 证据推理算法

　　假定一个两层的情景系统，上层为亟待构建计算的情景 y，下层为多个基本的情景要素 $E = \{e_i \mid i = 1, 2, \cdots, L\}$。基本情景要素的权重 $\omega = \{\omega_i \mid i = 1, 2, \cdots, L\}$，且满足 $0 \leqslant \omega_i \leqslant 1$，$\sum\limits_{i=1}^{L} \omega_i = 1$。设方案集 $A = \{a_l \mid l = 1, 2, \cdots, M\}$，评价集 $H = \{H_n \mid n = 1, 2, \cdots, N\}$，一般来说，$H_N > H_{N-1} > \cdots\cdots > H_1$，"$>$"表示"优于"。

　　对于 $\forall\, a_l \in A$，确定其在情景要素 e_i 下的分布评价为：

$$S(e_i(a_l)) = \{(H_n,\ \beta_{n,i}(a_l)) \mid n = 1, 2, \cdots, N;\ i = 1, 2, \cdots, L;\ l = 1, 2, \cdots, M\} \tag{2.21}$$

　　式中，$\beta_{n,i}(a_l)$ 表示方案 a_l 在情景要素 e_i 下被评价为等级 H_n 的信任度，$\beta_{n,i}(a_l) \geqslant 0$ 且 $\sum\limits_{n=1}^{N} \beta_{n,i}(a_l) \leqslant 1$。当 $\sum\limits_{n=1}^{N} \beta_{n,i}(a_l) = 1$ 时，称 $S(e_i(a_l))$ 为完全评价，否则为不完全评价。

　　令 $m_{n,i}(a_l)$ 为已分配的概率指派函数，表示在方案 a_l 中情景要素 e_i 对广义情景 y 没有分派给任何评价等级的支持度，分别记为：

$$m_{n,i}(a_l) = \omega_i \beta_{n,i}(a_l) \tag{2.22}$$

$$m_{H,i}(a_l) = 1 - \sum_{n=1}^{N} m_{n,i}(a_l) = 1 - \omega_i \sum_{n=1}^{N} \beta_{n,i}(a_l) \tag{2.23}$$

　　将 $m_{H,i}(a_l)$ 分解为 $m_{H,i}(a_l) = \overline{m}_{H,i}(a_l) + \tilde{m}_{H,i}(a_l)$，其中 $\overline{m}_{H,i}(a_l) = 1 - \omega_i$，$\tilde{m}_{H,i}(a_l) = 1 - \omega_i$，$\tilde{m}_{H,i}(a_l) = \omega_i\left(1 - \sum\limits_{n=1}^{N} \beta_{n,i}(a_l)\right)$。

　　式中，$\overline{m}_{H,i}(a_l)$ 表示由于权重而未分派的概率函数，而 $\tilde{m}_{H,i}(a_l)$ 表示由于无知而未分派的概率函数，它是因不完全评价引起的。

　　下面对基本情景要素的概率指派函数实现证据集成。对于 $\forall\, a_1 \in A$，令 $m_{n,I(1)}(a_1) = m_{m,1}(a_l)$，$m_{H,I(1)}(a_l) = m_{H,1}(a_l)$，$\overline{m}_{H,I(1)}(a_l) = \overline{m}_{H,i}(a_l)$，$\tilde{m}_{H,I(1)}(a_l) = \tilde{m}_{H,1}(a_l)$ 则有：

$$\{H_n\}:\ m_{n,I(i+1)}(a_l) = K_{I(i+1)}(a_l) \cdot$$

$$(m_{n, I(i)}(a_l) m_{n, i+1}(a_l) + m_{n, I(i)} a(a_l) m_{H, i+1}(a_l) + m_{H, I(i)}(a_l) m_{n, i+1}(a_l))$$

$$(2.24)$$

$$\{H\}: m_{H, I(i+1)}(a_l) = \overline{m}_{H, I(i+1)}(a_l) + \tilde{m}_{H, I(i+1)}(a_l) \tag{2.25}$$

$$\tilde{m}_{H, I(i+1)}(a_l) = K_{I(i+1)}(a_l) \cdot$$

$$(\tilde{m}_{H, I(i)}(a_l) \tilde{m}_{H, i+1}(a_l) + \overline{m}_{H, I(i)}(a_l) \tilde{m}_{H, i+1}(a_l) + \tilde{m}_{H, I(i)}(a_l) \overline{m}_{H, i+1}(a_l))$$

$$(2.26)$$

$$\overline{m}_{H, I(i+1)}(a_l) = K_{I(i+1)}(a_l)(\overline{m}_{H, I(i)}(a_l) \overline{m}_{H, i+1}(a_l)) \tag{2.27}$$

$$K_{I(i+1)}(a_l) = (1 - \sum_{t=1}^{N} \sum_{j=1, i \neq t}^{N} m_{t, I(i)}(a_l) m_{j, i+1}(a_l))^{-1}, \quad i = 1, 2, \cdots, L-1)$$

$$(2.28)$$

式中, $I(i+1)$ 表示集成 $i+1$ 个基本情景要素, $K_{I(i+1)}$ 为规模化因子, 反映了各证据间冲突的程度, 即各属性不同时支持某一评价等级的程度。

计算广义情景 y 的基础信任度。对于 $\forall a_l \in A$, 有:

$$\{H_n\}: \beta_n(a_l) = \frac{m_{n, I(l)}(a_l)}{1 - \overline{m}_{H, I(l)}(a_l)} \tag{2.29}$$

$$\{H\}: \beta_H(a_l) = \frac{\tilde{m}_{n, I(l)}(a_l)}{1 - \overline{m}_{H, I(l)}(a_l)} \tag{2.30}$$

式中, $\beta_n(a_l)$ 表示方案 a_l 在广义属性 y 下被评价为等级 H_n 的信任度, $\beta_H(a_l)$ 则表示为未被分配给任何评价等级的信任度, 即信息的无知程度。

由此可得方案 a_l 的广义分布评价, 即

$$S(y(a_l)) = \{(H_n, \beta_n(a_l)) \mid n = 1, 2, \cdots, N; l = 1, 2, \cdots, M\} \tag{2.31}$$

式中, $S(y(a_l))$ 表示方案 a_l 在广义情景 y 下以 $\beta_n(a_l)$ 的信任度支持等级 H_n 的分布评价。

计算各方案的效用值。设等级 H_n 的效用值为 $u(H_n)$, 不妨设 $u(H_1) < u(H_2) \cdots < u(H_N)$, 则对于 $\forall a_l \in A$, $u(a_l) = \sum_{n=1}^{N} \beta_n(a_l) u(H_n)$。

2.5.2 基于证据推理理论的情景构建算法

算法主要流程如图 2.14 所示。包括:

(1) 构建情景要素集合;

(2) 隶属度计算;

(3) 相似度计算;

(4) 对情景要素分类并构建情景。

1. 构建情景要素集合

情景, 即特定时间和空间范围内各类情景要素的集合。自然灾害系统的情景要素围绕

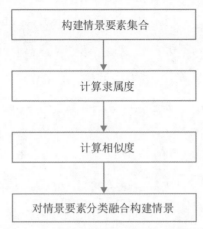

图 2.14 基于证据推理的情景构建流程

灾害系统内的因子展开。根据自然灾害系统理论和自然灾害风险形成理论，台风灾害系统是由孕灾环境、致灾因子和承灾体共同组成的地球表层异变系统，台风灾害灾情是这个系统中各子系统相互作用的产物。台风灾害风险评估是对致灾因子危险性、孕灾环境稳定性、承灾体易损性等方面的综合评价与分析，已被广泛应用于台风避难、灾害预警、灾情评估、台风影响评价、提高公众的台风风险意识等方面，是进行灾害风险管理及决策的重要科学依据。

（1）致灾因子，包括暴雨、大风、风暴潮等。台风本身携带的暴雨因子是台风最重要的致灾因子，这是因为台风过程通常伴随着强烈的对流性、阵性降水。此外，由于台风系统中心气压低，气压梯度非常大，因而造成很强的大风，所以台风大风也是重要的致灾因子。暴雨，大风的强度、频率、影响范围等是台风灾害产生的先决条件和原动力。

（2）孕灾环境，包括大气环境、水文气象环境以及下垫面环境等。近些年灾害发生频繁，损失与年俱增，这与区域及全球气候环境变化有着密切关系，其中最主要的是气候与地表覆盖的变化，以及物质环境的变化。在下垫面环境中，以地形对灾害风险影响最大，其次是河流网络，再次是地表覆盖、土壤等。

（3）承灾体，就是各种致灾因子作用的对象，是人类及其活动所在的社会与各种资源的集合。不同的研究者基于不同目的对承灾体分类不一样，因此承灾体的划分有许多种体系，一般先划分为人类、财产与自然资源两大类。

（4）灾前减灾应急措施包括工程措施和非工程措施。在灾害已经发生需要估算损失时，也要考虑灾前减灾应急措施。比较容易量化的是预警时间，即有多少时间来转移物资和采取实质性的保护措施以减少损失。减灾应急措施因素作为非自然因素的重要部分，与灾害造成损失的大小有很大关系，但在实际风险评估中常常被忽视。

根据以上分析，整理出的台风灾害的情景要素如图 2.15 所示。

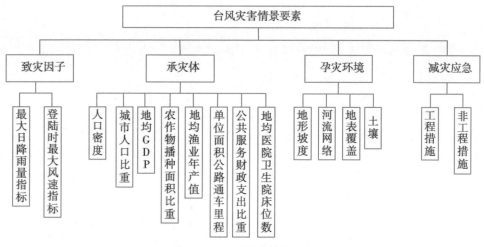

图 2.15 台风灾害情景要素

2. 计算隶属度

本书将台风灾害风险的评价等级划分为五级：低风险区（very low）、较低风险区（low）、中等风险区（average）、较高风险区（high）、高风险区（very high）。由于人们认识的局限性，无法构建一个精确的隶属函数去计算某一情景要素隶属于某一评价等级的隶属度，因而只能构建一个近似的隶属函数计算隶属度。由于各等级在中间过渡时存在"亦此亦彼"性，所以通过取分段线性函数来确定各等级的隶属函数。使用到的线性函数包括：升、降半梯形线性函数和三角形函数。通过计算隶属度，可将定量情景要素、定性情景要素转换为模糊信度结构 $\text{FBS}_i = \{\text{FH}_n, \beta_{n,i}\}$。其中，$\text{FH}_n$ 指对于某一情景要素的评价等级为 n，$\beta_{n,i}$ 为第 i 个情景要素隶属于评价等级 n 的隶属度。

3. 计算相似度

以不同情景要素模糊信度结构的相似性为基础，计算两两情景要素的支持度与可信度，相似性计算方法结合余弦相似度和顺序相似性函数。

相似性测度函数如式（2.32）所示，其中 m_i，m_j 为两个以模糊信度结构表示的情景要素数据：

$$\text{Sim}(m_i, m_j) = \alpha\text{Cos}(m_i, m_j) + \beta\text{Sim}_{\text{seq}}(m_i, m_j) \tag{2.32}$$

在式（2.32）中，$\text{Cos}(m_i, m_j)$ 为余弦相似度，余弦相似度的计算将两个以模糊信度结构表示的情景要素数据看作两个向量 m_i，m_j，因而计算式如式（2.33）所示：

$$\text{Cos}(m_i, m_j) = \frac{m_i \cdot m_j}{\|m_i\| \cdot \|m_j\|} \tag{2.33}$$

$\text{Sim}_{\text{seq}}(m_i, m_j)$ 为两个证据的顺序相似度，基本思想是，将证据的命题子集 BPA 按照隶属度大小排序，根据排列顺序计算相似度，通过式（2.34）计算：

$$\text{Sim}_{\text{seq}}(m_i,\ m_j) = 1 - \frac{\sum_{i=1}^{n}(X_i - Y_i)^2}{\sum_{i=1}^{n}(n+1-2i)^2} \tag{2.34}$$

4. 对情景要素分类融合构建情景

运用 ISODATA 算法对各个情景要素的评价结果进行分类并利用 2.5.1 一节中第 2 部分介绍的证据推理算法进行类内合成，类内合成结果即为情景。由于使用的情景要素较多，情景要素所反映的灾情结果往往有群聚性。针对台风灾害风险表达相似评估结果的情景要素比较相近，它们之间的距离（冲突）较小，运用聚类算法可以很容易地聚成一类。而针对台风灾害风险表达不一致性较强的情景要素，如果直接合成，合成效果往往不是最优的。通过聚类算法，可以从多个情景要素划分出几个类别。一方面，先分类，再合成，有益于改善直接融合的效果；另一方面，相同类中的情景要素，其情景要素具有一致性，将其融合，构建情景，可以反映出当前台风灾害风险评估的可能态势，即可能存在的情景。

此外，对每一构建出的情景进行可靠度计算，修正情景结果。每一情景的可靠度，一方面与该类中的情景要素个数有关，该类包含的情景要素越多，该类的可靠性越高；另一方面，该情景中的情景要素众信度之和越高，该情景的可靠性越高。可靠度计算方法见式 (2.35)。

$$\gamma_j = \frac{1}{2} \cdot \left(\frac{\sum_{j=1}^{n_j} Crd_j}{n_j} + \frac{n_j}{n} \right) \tag{2.35}$$

§2.6　应急疏散情景构建技术

2.6.1　疏散情景中的不确定性分析

一个完整的疏散过程应包括信息传播阶段、疏散前准备阶段、旅程阶段（车辆疏散阶段）。其中信息传播阶段是指疏散指令下达后，群众接受消息的阶段，该阶段用时很大程度上取决于信息传播介质的传播速率。疏散前准备阶段是人们接收到疏散指令后计划出行的阶段。旅程阶段是指人们开始自己的疏散行程的阶段。三个阶段开始顺序如图 2.16 所示。

由于这三个阶段并非相互独立，因此无法清晰划分这三个阶段。由于一般交通疏散过程中车辆疏散的时间常占主导地位，因此本书所计算的疏散时间只考虑第三阶段的疏散时间。

假设需要疏散的地点已知，第三阶段的疏散过程涉及的要素有疏散人员、疏散车辆、道路网、避难点四个要素，由于避难点通常情况下不会发生改变，其余三个要素中所包含不确定性。

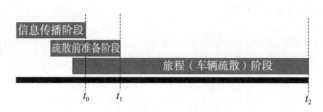

图 2.16　疏散阶段划分

1. 疏散人员

大部分的疏散难以获得准确的疏散人数，比如社区的疏散，由于居民较多，或者部分群众接到消息较迟导致统计不全，且群众做疏散决定时有可能因为其他因素改变自己的选择，比如选择公共交通疏散的可能最后搭乘友人车辆撤离。在这些情况下，疏散的人数带有较强的不确定性。

2. 疏散车辆

疏散车辆是疏散过程中可用于突发客流运送的车辆。由于车辆突发故障、司机受伤等情况可能导致计划可用车辆与实际的可用车辆可能并不一致。

3. 道路网

道路网的不确定性体现在道路通行能力的改变，如强降雨导致部分路段积水过深，车辆减速或无法通行。其对于疏散的影响在于如果无法通行的路段是疏散途中最短路径所在路段，那么公交车需要绕行该路段，从而增加了道路行驶时间；或者雨天会导致车辆的道路通行时间有所增加。

综上所述，疏散过程中考虑的不确定性因素包括疏散人员的数量、参与疏散的车辆的数量和道路网状态。

2.6.2　疏散情景中的不确定性表达

1. 疏散情景定义

先定义 C 为情景集合，集合中的每一个元素 $c_n(c_n \in C)$ 表示一个可能出现的情景，每一个情景由疏散地点 P，疏散车辆 B，避难点 S 和道路网 N 组成，表示为 $C = \{P, B, S, N\}$。其中 $P = \{p_1, \cdots, p_n\}$，p_n 代表编号为 n 的疏散点，对于每个 $p_n \in P$ 有对应的疏散人数 δ_n；$B = \{b_1, \cdots, b_n\}$，其中 b_n 为编号为 n 的公交车，对于每个 $b_n \in B$ 有对应的公交车容量 Z_n，为了方便后续计算，此处假设所有公交车容量统一；$S = \{s_1, \cdots, s_n\}$，其中 s_n 为第 n 个避难点，对于每个 $s_n \in S$ 有对应的避难点容量 C_n；$N = \{N_1, \cdots, N_n\}$，其中 N_n 表示第 n 种状态下的路网。

2. 参数的不确定性表示方法

参数的不确定性体现在参数可能的取值不唯一，且由于一个场景中多个元素的取值不确定性导致可能发生的情景有多种。

对于带有不确定性的参数 X，在有足够历史数据参考时，可通过历史数据推导参数 X 的取值情况。在缺少数据，无法获取数据分布或参数 X 没有明确分布规律的情况下，可给出参数的分布范围，在该范围中认为参数是随机变量，服从正态分布。此时，令 $\hat{x}$ 为参数 X 最有可能的值，设为 X 的数学期望，参数 X 的分布可表达为 $X \sim N(\hat{x}, \delta^2)$，其中方差 δ^2 可视情况而定。疏散人员的不确定性通常可以用此方式表达。

对于疏散车辆的不确定性可通过车辆发生故障的概率表示。假设车辆发生故障的概率为 $a\%$，那么估计有 x 辆车参加疏散时，实际可能参加疏散的车辆数量区间为 $[x \cdot a\%, x]$，若 $x \cdot a\%$ 为小数则应向下取整；道路网不同状态的概率可通过天气状态估计，比如将道路网通行速度划分为畅通，缓行和拥堵三个等级，如果通过历史案例得知，在目前天气状态下这三种状态出现的概率为 60%、30% 和 10%，则可将其作为道路各个状态可能发生的概率。

2.6.3　疏散模型建立

1. 运输问题描述

疏散问题可描述为：已知有 p 个待疏散区域点，m 个车辆调度中心（车库），s 个避难点。运送车辆先从车辆调度中心出发，然后前往待疏散点装载乘客，再将乘客送往避难点，直到所有疏散点的乘客都被安置到避难点则疏散结束。由于疏散资源有限，车辆通常需要在疏散点和避难点之间多次往来。

2. 路网建立

将路网定义为有向图，可以将其抽象为一个有向链的集合，其标准形式如下：

$$N = (V, L) \tag{2.36}$$

式中，V 代表结点集，L 代表链集，L 可表示为：

$$L = (u, v, Q^{uv}), \quad u, v \in V \tag{2.37}$$

式中，u 和 v 分别代表起点和终点，Q^{uv} 是链的属性集，可表示链标识、长度（行程距离）、速度、通行等级、行程时间等。结点集包含了车库点、待疏散点和避难点。L 则是连接每个结点之间的弧，此处为了简化图形，将 L 表达成从一个结点通向另一个结点的最小花费的路段。

下面根据图的定义给出路网的构建方式：

1）结点构建

结点集合 V 应该包括路网之中重要的点，本文疏散时所涉及的点为车库点集 G，疏散集结点集 P，与避难点集 S，表示为 $V = (G, P, S)$，其中 $G = (g_1, g_2, \cdots, g_n)$，$P = (p_1, p_2, \cdots, p_n)$，$S = (s_1, s_2, \cdots, s_n)$。

2）链集构建

链的集合 L 包括相通的结点之间的路径，即包括了各个车库点之间、疏散集结点之间、避难点之间相通的路径以及车库点、疏散集结点和避难点之间相通的路径。为减少数据量，对链集进行以下简化：只保留车库点去向疏散集结点之间的路径及疏散集结点和避难点之间来往的路径。简化后的路网如图 2.17 所示。

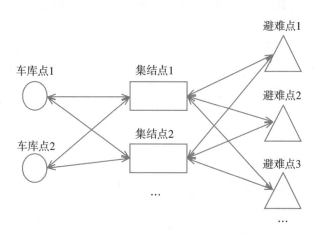

图 2.17　简化路网

3. 疏散规则建立

此处设置疏散车辆的规则为"就近疏散"，即车辆首先寻找距离发车地最近的待疏散点，然后将其送往离该疏散点最近的避难点，其次再从目前所在的避难点出发，寻找最近的还有待疏散人口的疏散点，将其运往下一个避难点。在疏散的过程中，设定车辆每次来回只服务一个疏散点，为保证其合理性，应再做以下限制：

$$\sum_{n=1}^{N} \sum_{z=1}^{Z} \sum_{p=1}^{P} x_{p,s}^{n,z} \leqslant C_s \tag{2.38}$$

$$x_{p,s}^{n,z} \leqslant B_z \tag{2.39}$$

式中，$x_{p,s}^{n,z}$ 表示车辆 z 在第 n 次运输时，从疏散点 p 运送到避难点 s 的人数，$z \in \{b_1, \cdots, b_z\}$，$p \in \{p_1, \cdots, p_P\}$，$s \in \{s_1, \cdots, s_S\}$；$C_j$ 表示避难点 j 的容量；B_n 表示车辆 n 的容量。式（2.38）限制所有运向避难点 s 的人数不超过避难点容量；式（2.39）限制车辆 n 每次运输人数不超过车容量。

疏散时间由车辆装载、卸载时间和道路通行时间组成。完成疏散所需的时间是指第一辆疏散车辆从车库驶出到最后一班载人的车辆到达避难点所经过的时间。

§ 2.7　本章小结

在"情景-应对"管理模式中，情景构建是应对灾害的基础，本章系统地介绍了情景构建的关键技术与方法。按照"事件—情景—情景要素"的分级方式设计情景要素的表达和存储结构，对情景进行分类分级，并定义了"情景树"结构，用于情景推演过程中情景的组织和存储；基于本体模型分别以风暴潮灾害事件、海洋溢油灾害事件和浒苔灾害事件为例设计实现了海洋突发事件情景本体构建；基于 NLP 自然语言处理的关键技术，设计了面向海洋溢油突发事件领域相关的情景构建技术方法，并得到了海上溢油突发事件相关的信息三元组；将 D-S 证据推理理论应用于台风灾害情景构建，整合台风灾害的情景要素，通过计算情景要素的隶属度和相似度，利用聚类和融合算法构建可以反映出当前台风灾害风险态势的情景要素；对应急疏散情景中的不确定性进行了分析和表达，并构建了应急疏散情景模型；本章介绍的情景构建方法为下一步情景分析与情景推演研究提供了基础，为海洋安全突发事件的应对管理提供了重要的技术支持。

第 3 章　情景分析与推演方法

§3.1　基于事件链的情景分析与推演

3.1.1　事件链理论

1. 事件链定义

灾害在演化发展过程中，通过与孕灾环境及承灾体的不断作用，演化出一系列的次生衍生灾害，进而产生链式效应，形成事件链。

Chen 等提出了一种灾害链的形式化表达方法，这里将简化后的事件链（event chain）用一个三元组来定义：

$$事件链 = < 时空对象，时空事件，时空约束 > \tag{3.1}$$

（1）时空对象：事件链中所有承灾体的集合。以风暴潮事件链为例，海堤、水产养殖区、旅游娱乐区等都是事件链的时空对象。

（2）时空事件：事件链中所有造成危害的次生衍生事件的集合，如溃堤、码头受损、养殖业受损等。

（3）时空约束：包括触发因子和触发条件等，以判定事件链的演化过程。

如图 3.1 所示，时空事件 E_1 对时空对象 A_1、A_2 和 A_n 造成危害，经过时空约束 T 后转变为时空事件 E_2，对新的时空对象 A_1'、A_2' 和 A_n' 造成新的危害。

图 3.1　事件链构成

在时空约束中，如图 3.2 所示，触发因子包括致灾因子危险性、承灾体脆弱性和孕灾环境稳定性，这三种属性可用于评估事件链的风险；触发条件包括时间条件、空间条件和属性条件，三类条件可从不同维度控制事件的衍生，对事件链的演化与发展起到控制约束作用。

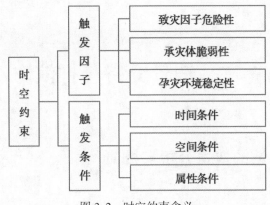

图 3.2　时空约束含义

2. 事件链类型

事件链的类型分为串发型、并发型和耦合型三大类。图 3.3 所示为串发型事件链，事件 E_1 在时空约束 T 下触发事件 E_2，串发型事件链的逻辑结构为线性结构，结构相对单一，可以明显地区分前驱事件和后继事件。

图 3.3　串发型事件链

图 3.4 所示为并发型事件链，事件 E_1 在时空约束 T 下短时间内同时触发事件 E_2 和事件 E_3，并发型事件链的结构更为复杂，从概率的角度看，并发型事件链的后继事件发生的概率相同。

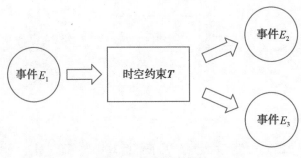

图 3.4　并发型事件链

图 3.5 所示为耦合型事件链，事件 E_1 和事件 E_2 在复杂的时空约束 T 下，触发事件 E_3。耦合作用可以细分为发生型耦合、加速型耦合、加重型耦合、转化型耦合四种类型，将在下一小节中详细介绍。

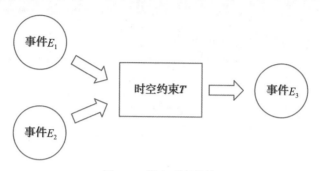

图 3.5 耦合型事件链

3. 事件链构建方法

突发事件链构建，理论上主要包括以下三类方法：

（1）通过分析大量历史案例进行事件提取，从事件链成因、突发事件发生区域等不同视角归类整理常见的事件链结构，分析事件链的结构特征，揭示事件间的演化规律。

（2）采用文本挖掘技术，以灾害年鉴、媒体报道或期刊文献为数据来源对文本资料进行提取挖掘，得到相应的事件链结构，并通过关联分析对事件链的连接边进行优化。

（3）运用系统论观点，从数学层面建立自然灾害链式结构模式，对其性质进行研究。如借鉴共性知识模型，用知识元形式化表达情景及事件，通过分析知识元间内部联系，阐述情景与事件间相互作用关系的事件链构建方法，如基于贝叶斯网络、GERT 网络、复杂网络、系统动力学、Petri 网络、元胞自动机等。

通过结合大量风暴潮案例和知识，用 Petri 网络表达风暴潮事件链，便于后续研究中的事件链的风险计算。

3.1.2 典型海洋环境安全事件链构建

本节将以典型海洋环境安全事件中的风暴潮灾害、海上溢油灾害和浒苔灾害这三类灾害事件为例，分别构建单一灾害事件链和耦合灾害事件链。

1. 海上溢油灾害事件链

将海上溢油灾害的次生衍生事件分为环境、动植物、人类健康、危险化学品仓储及运输、核电站、海上交通、旅游业、沿岸工业、涉外事件和群体性事件 10 大类，共 29 子类。表 3.1 为海上溢油灾害次生衍生事件触发分析表，通过次生衍生事件触发分析，能够在情景推演过程中预测当前情景有可能发生的所有次生衍生事件。

表 3.1　　　　　　　　　　　海上溢油灾害次生衍生事件触发分析表

次生衍生事件类别			触发因子	承灾体	输入	触发条件
环境	环境污染和生态破坏事件	水域污染事件	溢油量	海洋保护区、重要河口及湿地、海洋资源开发区	溢油量：double	溢油量>0
		土壤污染事件	溢油空间位置	岸线	溢油面积：shp 土壤区域：shp	叠加分析不为空
		空气污染事件	溢油量	海洋保护区、重要河口及湿地、海洋资源开发区	溢油量：double	溢油量>0
		岸滩污染事件	溢油空间位置	岸线	溢油面积：shp 岸滩区域：shp	叠加分析不为空
		沉积物污染事件	溢油量	海洋保护区、重要河口及湿地、海洋资源开发区	溢油量：double	溢油量>0
	溢油处置可能触发的环境污染和生态破坏	消油剂、分散剂污染	消油剂/分散剂用量	海洋保护区、重要河口及湿地、海洋资源开发区	消油剂/分散剂用量：double	消油剂/分散剂用量−所需用量>0
动植物		海洋动物死亡	溢油空间位置	重要海洋生物	溢油面积：shp	溢油面积范围内
		海洋植物死亡	溢油空间位置			
		陆生动物死亡	溢油空间位置	重要陆生生物	溢油面积：shp 陆地区域：shp	叠加分析不为空
		陆生植物死亡	溢油空间位置			
		鸟类死亡	溢油空间位置	重要海洋生物	溢油面积：shp 鸟类栖息地：shp	叠加分析不为空
		水产养殖受损	溢油空间位置	海水养殖区	溢油面积：shp 水产养殖区：shp	叠加分析不为空

续表

次生衍生事件类别		触发因子	承灾体	输入	触发条件
人类健康	人员受伤	溢油种类救援人员	人	溢油毒性：bool 人员数量：int	溢油毒性＝1，且人员数量×人员受伤率>0
	人员死亡	溢油种类救援人员		溢油毒性：bool 人员数量：int	溢油毒性＝1，且人员数量×人员死亡率>0
	群体性中毒事件	溢油种类溢油空间位置	人口聚集区	溢油毒性：bool 溢油面积：shp 居民：shp	溢油毒性＝1，且叠加分析不为空
危险化学品仓储及运输	爆炸事故	火源条件溢油量	溢油船舶	火源条件：bool 溢油量：double	火源条件＝1，且溢油量>0
	火灾事故	火源条件溢油量		火源条件：bool 溢油量：double	火源条件＝1，且溢油量>0
核电站	核设施辐射事件	溢油空间位置	核设施、人	核设施位置：shp 溢油面积：shp	叠加分析不为空
海上交通	海上交通中断	溢油空间位置	海上交通运输船舶、海上运输航道、港口码头	溢油面积：shp 海上交通区域：shp	火源条件＝1，且溢油量>0
旅游业	旅游业受损	溢油空间位置	沿岸旅游娱乐区、海水浴场、	溢油面积：shp 旅游景区：shp	溢油面积缓冲区分析后与旅游景区叠加分析不为空
	旅馆、酒店业受损	溢油空间位置	沿岸旅游娱乐区	溢油面积：shp 沿岸POI：shp	溢油面积缓冲区分析后与旅馆、酒店位置叠加分析不为空
	相关服务业受损	溢油空间位置	沿岸旅游娱乐区、海水浴场	溢油面积：shp 相关服务区域：shp	溢油面积缓冲区分析后与相关服务业区域叠加分析不为空

续表

次生衍生事件类别		触发因子	承灾体	输入	触发条件
沿岸工业	工业生产受损	溢油空间位置	工业园区	溢油面积：shp 工业区：shp	溢油面积缓冲区分析后与工业区叠加分析不为空
	运输业受损	溢油空间位置	海上交通运输船舶、海上运输航道、港口码头	溢油面积：shp 交通运输区域：shp	溢油面积缓冲区分析后与交通运输区域叠加分析不为空
	学校停课	溢油空间位置	人口聚集区	溢油面积：shp 学校区域：shp	溢油面积缓冲区分析后与学校区域叠加分析不为空
涉外事件	外籍人员受伤	溢油种类 外籍人员	人	溢油毒性：bool 外籍人员数量：int	溢油毒性＝1，且外籍人员数量×人员受伤率>0
	外籍游轮事故	游轮类别	溢油船舶	外籍游轮：bool	外籍游轮＝1
	争议海域溢油	溢油空间位置	争议海域	溢油面积：shp 争议海域：shp	叠加分析不为空
群体性事件	大规模群体性事件	网络舆情	人	网络舆情指数：double	网络舆情指数>0.7

整理海上溢油灾害事件的各类次生衍生事件，分析触发因子并简化事件类型后，形成海上溢油灾害事件链如图 3.6 所示。

2. 风暴潮灾害事件链

将风暴潮灾害的一级次生事件根据承灾体类别分为堤防工程、海上重点保护目标、沿岸重点保护目标、海上活动、生态敏感目标、沿岸社区人口与房屋 6 个大类，二级和三级衍生事件均由一级次生事件引发。表 3.2 为风暴潮灾害次生衍生事件触发分析表，通过次生衍生事件触发分析，能够在情景推演过程中预测当前情景有可能发生的所有次生衍生事件。

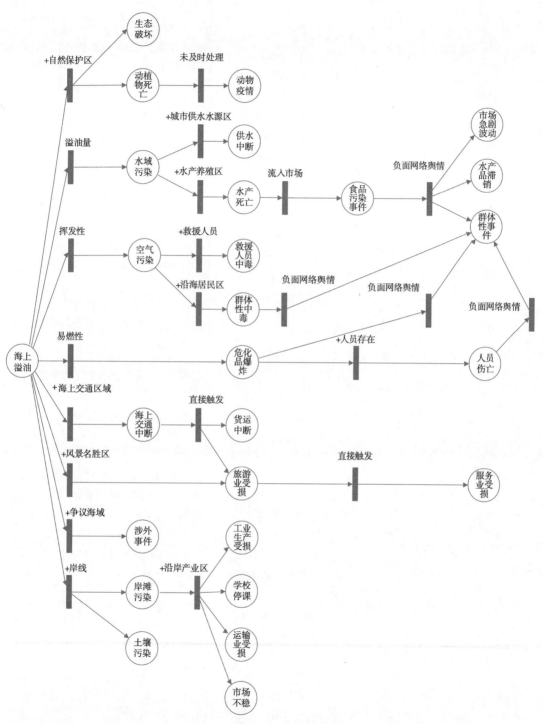

图 3.6 海上溢油灾害事件链

表 3.2 <span></span>风暴潮灾害次生衍生事件触发分析表

承灾体	次生衍生事件类别	输入	触发条件
海堤	溃	风暴潮等级：int 海堤脆弱性：int 增水影响区域：shp 海堤分布区域：shp	①风暴潮等级≥海堤脆弱性等级； ②增水影响区域与海堤分布区域叠加分析不为空
	海水倒灌	增水最高高度：double 海堤高度：double 增水影响区域：shp 海堤分布区域：shp	①增水最高高度>海堤高度； ②增水影响区域与海底分布区域叠加不为空
		"溃堤"事件状态：bool	①"溃堤"事件＝1
水闸	水闸受损	风暴潮等级：int 水闸脆弱性等级：int 风暴潮影响区域：shp 水闸位置：shp	①风暴潮等级≥水闸脆弱性等级； ②风暴潮影响区域与水闸位置叠加分析不为空
泵站	泵站受损	风暴潮等级：int 泵站脆弱性等级：int 风暴潮影响区域：shp 泵站位置：shp	①风暴潮等级≥泵站脆弱性等级； ②风暴潮影响区域与泵站位置叠加分析不为空
海水养殖区	渔业受损	风暴潮影响区域：shp 海水养殖区域：shp	①风暴潮影响区域与海水养殖区域叠加分析不为空
避风锚地	船只搁浅	减水影响区域：shp 避风锚地位置：shp	①减水影响区域与避风锚地位置叠加分析不为空
	船只受损	风暴潮等级：int 船只脆弱性等级：int 风暴潮影响范围：shp 避风锚地位置：shp 船只数量：int	①风暴潮等级大于船只脆弱性等级； ②风暴潮影响范围与避风锚地位置叠加不为空；船只数量>0
港口码头	船只搁浅	减水影响区域：shp 港口码头位置：shp	①减水影响区域与避风锚地位置叠加分析不为空
	船只受损	风暴潮等级：int 船只脆弱性等级：int 风暴潮影响范围：shp 港口码头位置：shp 船只数量：int	①风暴潮等级大于船只脆弱性等级； ②风暴潮影响范围与港口码头位置叠加不为空； ③船只数量>0
	码头受损	风暴潮等级：int 港口码头脆弱性等级：int 风暴潮影响范围：shp 港口码头位置：shp	①风暴潮等级大于港口码头脆弱性等级； ②风暴潮影响范围与港口码头位置叠加不为空

承灾体	次生衍生事件类别	输入	触发条件
机场	航班停运/延误	风暴潮增水影响区域：shp 机场位置：shp	风暴潮增水影响区域与机场位置叠加分析不为空
铁路	铁路停运/延误	风暴潮增水影响区域：shp 铁路位置：shp	风暴潮增水影响区域与铁路位置叠加分析不为空
海上运输航道	航运停运/延误	风暴潮增水影响区域：shp 风暴潮减水影响区域：shp 海上运输航道：shp	①风暴潮增水或减水影响区域与海上运输航道叠加分析不为空
电力设施	电力设施受损	风暴潮等级：int 电力设施脆弱性等级：int 风暴潮影响区域：shp 电力设施位置：shp	①风暴潮等级≥电力设施脆弱性等级； ②风暴潮影响区域与电力设施位置叠加分析不为空
钢铁和石油化工设施、危化品设施、物质储备基地（后文简称危化品设施）	危化品事故	风暴潮等级：int 危化品设施脆弱性等级：int 风暴潮影响区域：shp 危化品设施位置：shp	①风暴潮等级≥危化品设施脆弱性等级； ②风暴潮影响区域与危化品设施位置叠加分析不为空
旅游娱乐区	旅游业受损	风暴潮影响区域：shp 旅游娱乐区：shp	①风暴潮影响区域与旅游娱乐区叠加分析不为空
船厂	船只受损	风暴潮等级：int 船只脆弱性等级：int 风暴潮影响范围：shp 船厂位置：shp 船只数量：int	①风暴潮等级大于船只脆弱性等级； ②风暴潮影响范围与避风锚地位置叠加不为空； ③船只数量>0
沿岸社区人口与房屋	建筑物破坏	风暴潮等级：int 建筑物脆弱性等级：int 风暴潮影响范围：shp 建筑物范围：shp	①风暴潮等级≥建筑物脆弱性等级； ②风暴潮影响范围与建筑物范围叠加不为空

<——二级次生衍生事件——>

续表

承灾体	次生衍生事件类别	输入	触发条件
沿岸内陆区域	洪水	"海水倒灌"事件状态：bool "泵站受损"事件状态：bool	①"海水倒灌"＝1； ②倒灌海水量（考虑泵站排水受损）达洪水级别
	城市内涝	倒灌海水量（软件计算） 倒灌海水淹没区域（软件计算）	①"海水倒灌"＝1； ②倒灌海水量（考虑泵站排水受损）达内涝级别
土地	土地盐碱化	"海水倒灌"事件状态：bool 倒灌海水淹没区域（软件计算） 土地范围：shp	①"海水倒灌"＝1； ②倒灌海水淹没区域与土地范围叠加不为空
人类社会	运输业受损	"船只受损"事件状态：bool	"船只受损"事件＝1
		"船只搁浅"事件状态：bool	"船只搁浅"事件＝1
		"码头受损"事件状态：bool	"码头受损"事件＝1
		"航班停运/延误"事件状态：bool	"航班停运/延误"事件＝1
		"航运停运/延误"事件状态：bool	"航运停运/延误"事件＝1
		"铁路停运/延误"事件状态：bool	"铁路停运/延误"事件＝1
电力设施	电力瘫痪	"电力设施损坏"事件状态：bool 风暴潮影响范围：shp 电力设施位置：shp	①"电力设施损坏"事件＝1； ②风暴潮影响区域与电力设施位置叠加分析超过50%
	停电	"电力设施损坏"事件状态：bool	①"电力设施损坏"事件＝1
	漏电	"电力设施损坏"事件状态：bool	①"电力设施损坏"事件＝1
海洋保护区	生态破坏	"危化品事故"事件状态：bool	①"危化品事故"事件＝1

续表

承灾体	次生衍生事件类别	输入	触发条件
人	人员伤亡	"建筑物破坏"事件状态：bool	①"建筑物破坏"事件＝1； ②人员存在＝1
		"爆炸"事件状态：bool	①"爆炸"事件＝1； ②人员存在＝1
		"火灾"事件状态：bool 人员存在：bool	①"火灾"事件＝1； ②人员存在＝1

<——三级次生衍生事件——>

承灾体	次生衍生事件类别	输入	触发条件
城市内涝区域	动物疫情	"城市内涝"事件状态：bool 城市内涝淹没区域：shp 大规模动物养殖区：shp	①"城市内涝"事件＝1； ②城市内涝淹没区域与大规模动物养殖区叠加分析不为空
	传染病疫情	"城市内涝"事件状态：bool 城市内涝淹没区域：shp	①"城市内涝"事件＝1
	企业停产	"城市内涝"事件状态：bool 厂房区域：shp	①"城市内涝"事件＝1； ②城市内涝淹没区域与厂房区域叠加分析不为空
	车辆损毁	"城市内涝"事件状态：bool 地下车库位置：shp	①"城市内涝"事件＝1； ②城市内涝淹没区域与地下车库位置叠加分析不为空
地质灾害高发区	滑坡	"洪水"事件状态：bool 倒灌海水淹没区域（软件计算） 滑坡灾害高发区：shp	①"洪水"事件＝1； ②倒灌海水淹没区域与滑坡灾害高发区叠加分析不为空
	泥石流	"洪水"事件状态：bool 倒灌海水淹没区域（软件计算） 泥石流灾害高发区：shp	①"洪水"事件＝1； ②倒灌海水淹没区域与泥石流灾害高发区叠加分析不为空
土地	林业受损	土地盐碱化区域：shp 林业用地：shp	土地盐碱化区域与林业用地叠加分析不为空
	农作物减产	土地盐碱化区域：shp 农作物用地：shp	土地盐碱化区域与农作物用地叠加分析不为空

续表

承灾体	次生衍生事件类别	输入	触发条件
人类社会	群体性事件	"城市内涝"事件状态：bool	①"城市内涝"事件＝1；②网络舆情指数≥0.7
		"传染病疫情"事件状态：bool	①"传染病疫情"事件＝1；②网络舆情指数≥0.7
		"电力瘫痪"事件状态：bool	①"电力瘫痪"事件＝1；②网络舆情指数≥0.7
		"人员伤亡"事件状态：bool	①"人员伤亡"事件＝1；②网络舆情指数≥0.7
		"生态破坏"事件状态：bool	①"生态破坏"事件＝1；②网络舆情指数≥0.7
		"航班停运/延误"事件状态：bool	"航班停运/延误"事件＝1
		"航运停运/延误"事件状态：bool	"航运停运/延误"事件＝1
		"铁路停运/延误"事件状态：bool 网络舆情指数：double	"铁路停运/延误"事件＝1
	企业停产	"城市内涝"事件状态：bool 城市内涝淹没区域：shp 企业位置：shp	①"城市内涝"事件＝1；②城市内涝淹没区域与企业位置叠加不为空

　　整理风暴潮灾害事件的各类次生衍生事件，分析触发因子并简化事件类型后，形成风暴潮灾害事件链，如图 3.7 所示。

　　风暴潮灾害事件链根据风暴潮灾害的特性分为增水事件链和减水事件链，尽管承灾体和次生衍生事件相同，但由于其处置措施完全不同导致了意义完全不同。

3. 浒苔灾害事件链

　　将浒苔灾害的次生衍生事件分为海洋生物、自然环境、海上交通、重大海上活动、人类经济和群体性事件 6 大类，共 11 子类。表 3.3 为浒苔灾害次生衍生事件触发分析表，通过次生衍生事件触发分析，能够在情景推演过程中预测当前情景有可能发生的所有次生衍生事件。

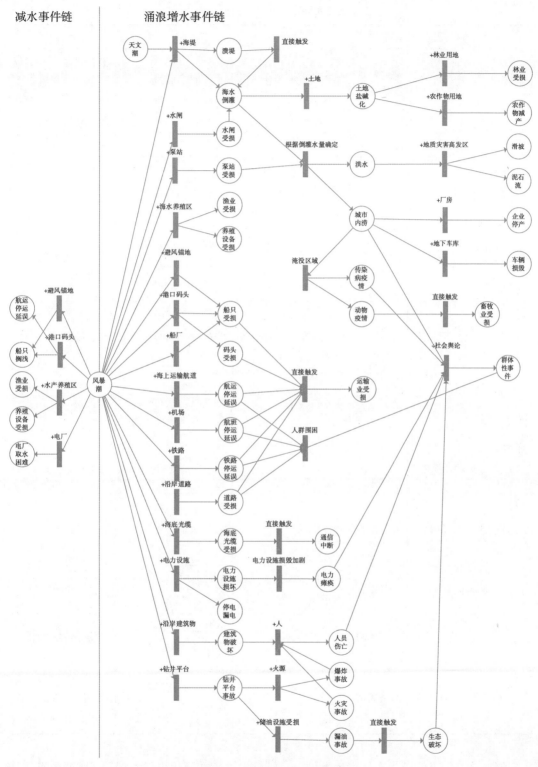

图 3.7 风暴潮灾害事件链

表 3.3 　　　　　　　　　　　**浒苔灾害次生衍生事件触发分析表**

次生衍生事件类别			触发因子	承灾体	输入	触发条件
海洋生物	海洋生物死亡		浒苔面积、浒苔量	鱼类、底栖生物、海洋植物	浒苔量：double 浒苔面积：shp	浒苔量超过一定范围后，浒苔覆盖范围内的海洋生物开始死亡
	渔业生产受损		水产死亡	人	死亡水产量：double	死亡水产量>0
自然环境	浒苔腐烂引发的环境污染事件	海水污染	浒苔量	海洋保护区、重要河口及湿地、海洋资源开发区	浒苔量：double	浒苔量>0
		岸滩污染	浒苔量、浒苔面积	岸线	浒苔量：double 浒苔面积：shp 岸线：shp	浒苔量>0 且叠加分析不为空
		大气污染	浒苔量	海洋保护区、重要河口及湿地、海洋资源开发区	浒苔量：double	浒苔量>0
海上交通	海上交通受阻		浒苔面积	海上交通运输船舶、海上运输航道、港口码头	浒苔面积：shp 海上交通区域：shp	叠加分析不为空
	海上运输业受损		海上交通受阻	人	海上交通受阻：bool	海上交通受阻＝1
重大海上活动	重大海上活动受阻		浒苔面积	海上活动	浒苔面积：shp 海上活动举办位置：shp	叠加分析不为空
人类经济	旅游业受损		浒苔面积	沿岸旅游娱乐区、海水浴场、	浒苔面积：shp 旅游景区：shp	叠加分析不为空
	区域经济受损		浒苔面积	沿岸经济区域	浒苔面积：shp 沿岸经济区：shp	叠加分析不为空
群体性事件	大规模群体性事件		网络舆情	人	网络舆情指数：double	网络舆情指数>0.7

整理浒苔灾害的各类次生衍生事件，分析触发因子并简化事件类型后，形成浒苔灾害事件链，如图 3.8 所示。

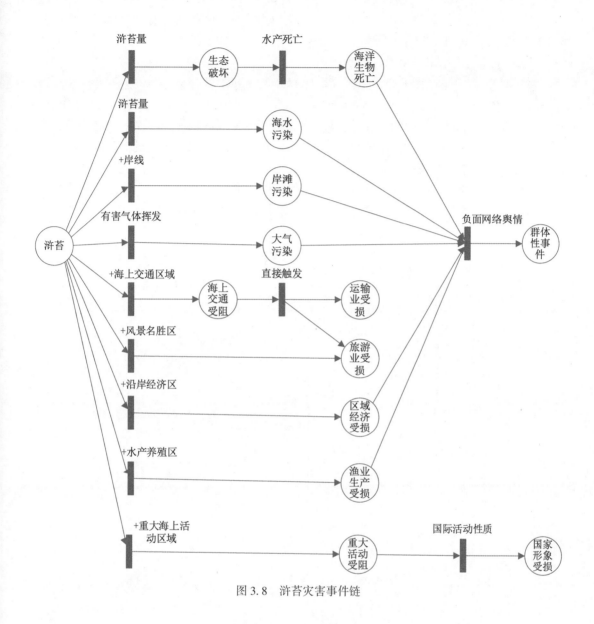

图 3.8   浒苔灾害事件链

3.1.3   基于模糊 Petri 网的事件链风险演化模型

1. FPN 基本理论

首先介绍模糊 Petri 网（Fuzzy Petri Net）相关理论，模糊 Petri 网是由传统的 Petri 网扩展而来的，适合描述具有模糊行为的并发系统，多用于故障诊断和风险评估等领域。模糊 Petri 网引入了模糊数学理论，能够实现从定性分析向定量分析的转变。

模糊 Petri 网是 Petri 网与产生式规则的结合，其库所代表的是一个命题，库所中的

token 是一个 0 到 1 的数值，表示命题的真值度。模糊 Petri 网的变迁有一个点火阈值，变迁的阈值为一个 0 到 1 之间的数值。

模糊 Petri 网可以用一个八元组表示：

$$FPN = (P, \ T, \ D, \ I, \ O, \ f, \ \alpha, \ \beta) \tag{3.2}$$

式中，$P = \{p_1, \ p_2, \ \cdots, \ p_n\}$ 为库所的有限集合；$T = \{t_1, \ t_2, \ \cdots, \ t_m\}$ 为变迁集合；$D = \{d_1, \ d_2, \ \cdots, \ d_n\}$ 为命题集合；$I: P \rightarrow T$ 是库所到变迁的映射，$O: T \rightarrow P$ 是变迁到库所的映射；$f: P \rightarrow [0, \ 1]$ 表示库所的置信度，$\alpha: T \rightarrow [0, \ 1]$ 表示变迁的置信度；$\beta: P \rightarrow D$ 是库所与命题之间的映射。

任何复杂的模糊 Petri 网都可以拆分为四种简单的形式，其基本形式和计算公式见表 3.4。当输入库所真值大于变迁阈值后，变迁才被激活，经过计算后可得到输出库所的真值。

表 3.4　　　　　　　　　　　　　　　**FPN 基本形式及计算公式**

FPN 基本形式	计 算 公 式
	$\gamma 2 = \gamma 1 \cdot \mu, \ (\gamma 1 > \tau)$
	$\gamma 3 = \min \ (\gamma 1, \ \gamma 2) \ \cdot \mu, \ (\gamma 1, \ \gamma 2 > \tau)$
	$\gamma 2 = \gamma 1 \cdot \mu, \ (\gamma 1 > \tau) \ \ \gamma 3 = \gamma 1 \cdot \mu, \ (\gamma 1 > \tau)$
	$\gamma 3 = \max \ (\gamma 1 \cdot \mu 1, \ \gamma 2 \cdot \mu 2), \ (\gamma 1, \ \gamma 2 > \tau)$

传统的模糊 Petri 网模型并不适用于计算事件链风险，因此本书从 3.1 节的事件链理论出发，在 DCFPN 的基础上提出一种新的模糊 Petri 网理论及其计算模型，命名为顾及时空约束的灾害链模糊 Petri 网，后文中出现均用 ST-DCFPN 简称。

2. ST-DCFPN 定义

ST-DCFPN（Spatial-Temporal constraint-based Disaster Chain Fuzzy Petri Net）结构如图 3.9 所示，可用七元组表示：

$$\text{ST-DCFPN} = (P, T, I, O, A, U, D) \tag{3.3}$$

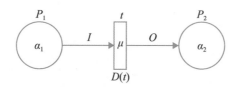

图 3.9　ST-DCFPN 结构定义图

式中，$P = \{p_1, p_2, \cdots, p_n\}$ 为灾害链的事件集，称为库所集，一个库所对应灾害链中的一个次生衍生事件；$T = \{t_1, t_2, \cdots, t_m\}$ 为影响各次生衍生事件触发的约束集，称为变迁集，一个变迁代表次生衍生事件之间触发的约束条件；I 为变迁输入，$I = \{w_{ij}\}$，$w_{ij} \in \{0, 1\}$，当 p_i 是 t_j 的输入（即存在 p_i 到 t_j 的有向弧）时，$w_{ij} = 1$，否则 $w_{ij} = 0$；O 为变迁输出，$O = \{\gamma_{ij}\}$，$\gamma_{ij} \in \{0, 1\}$，当 p_i 是 t_j 的输出时，$\gamma_{ij} = 1$，否则 $\gamma_{ij} = 0$；$A = \{\alpha_1, \alpha_2, \cdots, \alpha_m\}$，$\alpha_i \in [0, 1]$，为库所标识，代表各次生衍生事件发生概率；$U = \{\mu_1, \mu_2, \cdots, \mu_m\}$，$\mu_j \in [0, 1]$，为变迁标识，代表次生衍生事件触发约束的置信度；$D$ 是变迁的时间集，$D(t_i)$ 为变迁 t_i 所需要的时延，即一个事件触发另一个事件所需要的时间。ST-DCFPN 与事件链的对应关系见表 3.5。

表 3.5　　　　　　　　　　　　**ST-DCFPN 与事件链的对应关系**

ST-DCFPN	事　件　链
库所（P）	次生衍生事件
变迁（T）	次生衍生事件触发的约束条件
库所标识（A）	次生衍生事件风险
变迁标识（U）	次生衍生事件触发的约束规则置信度
变迁时延（D）	次生衍生事件触发所需时延

3. ST-DCFPN 计算模型

ST-DCFPN 在网运行的过程中所有库所中的 token 值都没有消失，因此最终表示每个次生衍生事件的库所中都会计算一个 0 到 1 的真值，代表该次生衍生事件的风险。3.1.1 节给出了事件链的三种形式，在不考虑事件复杂耦合作用的前提下，ST-DCFPN 可归纳为以下三种基本类型：

（1）事件 P_1 在触发因子 T_1 的作用下引发事件 P_2，其 ST-DCFPN 结构如图 3.10 所示。

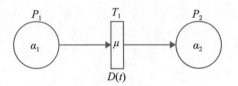

图 3.10　串发型 ST-DCFPN 结构

串发型 ST-DCFPN 的库所真值计算公式为式（3.4），触发时延为 $D(t)$。

$$\alpha_2 = \alpha_1 \cdot \mu \tag{3.4}$$

（2）事件 P_z 在触发因子 T_1 的作用下引发事件 P_1，P_2，P_3，$\cdots$，P_n，其 ST-DCFPN 结构如图 3.11 所示。

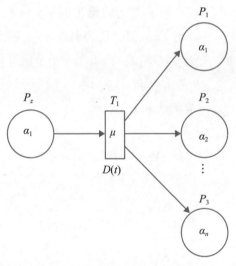

图 3.11　并发型 ST-DCFPN 结构

并发型 ST-DCFPN 的库所真值计算公式为式（3.5），触发时延为 $D(t)$。

$$\alpha_1，\alpha_2，\cdots，\alpha_n = \alpha_z \cdot \mu_1 \tag{3.5}$$

（3）事件 P_1，P_2，P_3，$\cdots$，P_n 分别在触发因子 T_1，T_2，T_3，$\cdots$，T_n 的作用下均会引发事件 P_z，且风险叠加，常见于加重耦合型，其 ST-DCFPN 结构如图 3.12 所示。

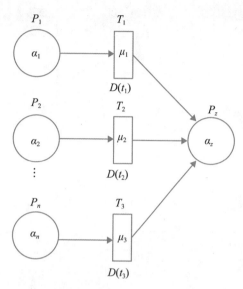

图 3.12　耦合型 ST-DCFPN 结构图

加重耦合型 ST-DCFPN 库所真值计算公式为式（3.6），触发时延为 $D(t_1)$、$D(t_2)$ 和 $D(t_3)$ 中的最大值。而加速耦合型的时延大于 $D(t_1)$、$D(t_2)$ 和 $D(t_3)$ 中的最大值，本文不展开讨论。

$$\alpha_z = 1 - \prod_{i=1}^{n}(1 - \alpha_i \cdot \mu_i) \tag{3.6}$$

4. ST-DCFPN 隶属度函数

在 ST-DCFPN 中，库所标识代表事件风险，初始库所标识为 1，其余库所标识都由模型计算得出。变迁标识代表触发条件，触发条件通常仅是一个命题，具有不确定性，本节将要讨论的就是变迁标识的确定方法。

隶属度函数是模糊控制的应用基础，使一些模糊条件的量化表示成为可能。若对 U 中的任一元素 x，都有 $A(x) \in [0, 1]$ 与之对应，则称 A 为 U 上的模糊集。$A(x)$ 称为 x 对 A 的隶属度。当 x 在 U 中变动时，$A(x)$ 就是一个函数，称为 A 的隶属度函数。隶属度 $A(x)$ 越接近 1，表示 x 属于 A 的程度越高，$A(x)$ 越接近于 0，表示 x 属于 A 的程度越低。

隶属度函数通常以专家经验为基础初步确定，然后通过实践检验逐步修改和完善。本书将通过分类讨论的方式确定不同变迁的隶属度函数。

5. 基于 DCFPN 的情景分析流程

基于 DCFPN 的情景分析流程如图 3.13 所示。

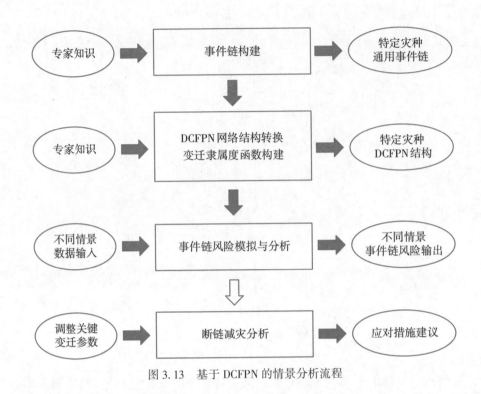

图 3.13 基于 DCFPN 的情景分析流程

§3.2 基于贝叶斯网络的情景分析与推演

3.2.1 贝叶斯网络建模推理流程

贝叶斯网络的构建过程主要包括调研收集案例数据，分析并提取关键要素指标即确定网络节点变量，然后结合专家经验与数据进行网络学习，包括结构学习与参数学习两部分，结构学习确定贝叶斯网络的拓扑结构，参数学习得到节点间的条件概率，最后通过推理算法结合证据变量得到推测结果。图 3.14 为建模推理流程图。

3.2.2 贝叶斯网络的节点变量分析

本节以海上溢油灾害事件为例，介绍贝叶斯网络的节点变量分析过程。结合构建的海上溢油情景本体模型，查询影响海上溢油事件后果的相关要素，得到主要包括如图 3.15 所示的要素，这些要素主要通过 influence 关系相关联，由于本节主要研究海上溢油情景在当前状态下自然发展的态势，故不考虑后续清理措施对油膜产生的影响。通过对这些要素变量进行分析与整理归类，将影响溢油事件发生发展的变量分为三类：输入变量、状态变量和输出变量。

62

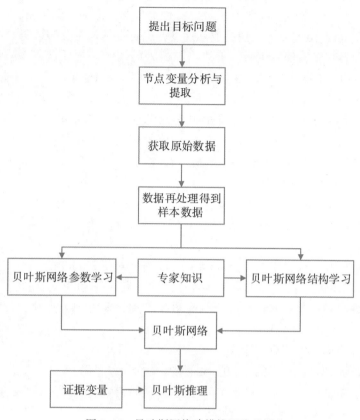

图 3.14 贝叶斯网络建模推理流程图

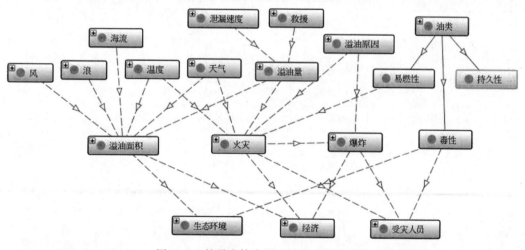

图 3.15 情景本体中影响溢油后果的要素

（1）输入变量：指影响溢油事故状态发展的直接的外部因素，主要分为两部分，一部分是溢油发生时当前情景的孕灾环境要素，重点包括风速、浪高以及水流速度，另一部分为对溢油事故本身的描述，包括溢油量、溢油品的理化性质（本书关注毒性、易燃性和持久性三个方面）、溢油原因、油品泄漏速度，应急人员是否及时堵漏等。

（2）状态变量：指溢油发生后，事故当前所处的状态，主要从三个方面分析，一是当前溢油情景下油膜的状态，主要通过溢油面积来体现；二是溢油事故可能会引发的一系列后果事件，包括是否发生火灾、爆炸、是否有人或动物中毒等；三是将时间因素考虑进来，考虑事故的持续时间，即从发生溢油到基本得到控制清理的时间。

（3）输出变量：指由于事故状态的影响造成的相关承灾体的损失，由情景本体知识可知，承灾体的损失可以分别从社会、经济、环境三个方面进行分析，相应的通过人口死亡、经济损失、污染程度来体现。

在所构建的贝叶斯网络中，网络节点一方面要体现该类的信息，另一方面能够清楚地表示出该类所具有的实例的信息。海上溢油灾害事件包含的影响因素众多，节点的确定应当遵循以下原则：

（1）代表性原则：选出来的节点应能反映该因素对研究问题的影响，在样本中出现频率相对较高，能反映出海上溢油灾害事件的特性且具备一定的研究价值。

（2）可行性原则：节点的选择应当具有可操作性，要考虑节点相关的数据收集是否方便。

（3）独立性原则：各节点间应当相互独立，互不相容。

（4）整体性原则：各节点的总和应该能反映整个系统的特点。

针对以上的选取原则，综合情景本体提供的知识结构以及海上溢油灾害事件的实际案例进一步分析，最终选取的节点变量见表 3.6。

表 3.6　　　　　　　　　　　　海上溢油灾害事件网络节点要素

节点序号	节点名称	编码	节点类型
1	溢油原因	I1	
2	泄漏速度	I2	
3	及时堵漏	I3	
4	风速	I4	
5	浪高	I5	
6	水流速度	I6	输入变量
7	油类	I7	
8	毒性	I8	
9	易燃性	I9	
10	持久性	I10	
11	溢油量	I11	

节点序号	节点名称	编码	节点类型
12	溢油面积	S1	状态变量
13	火灾	S2	
14	爆炸	S3	
15	中毒	S4	
16	持续时间	S5	
17	死亡人数	O1	输出变量
18	污染程度	O2	
19	经济损失	O3	

3.2.3　贝叶斯网络学习

1. 结构学习

1）结构描述

根据上文中对节点变量的分类，构建一个输入变量-状态变量-输出变量的三层拓扑网络结构，来表达各节点之间的关系。其详细的关系描述如下：

（1）输入变量的内部关系：输入变量与输入变量之间的相互影响关系，比如溢油量与泄漏速度以及是否及时堵漏有关。

（2）输入变量、状态变量的关系：溢油事件的信息发生改变会对事故本身的状态有影响，同时也可能会导致不同的灾害，比如环境变量会对溢油面积产生影响，扩大影响范围。

（3）状态变量的内部关系：溢油发生后，从一个状态引发另一个状态，比如火灾之后可能会引发爆炸。

（4）状态变量、输出变量的关系：由不同的状态所产生不同的灾害后果，比如火灾和爆炸可能会造成人员死亡。

由上文分析的关系，可以得到海上溢油灾害事件贝叶斯网络的基本网络拓扑结构形式如图3.16所示。

2）结构学习方法

贝叶斯结构学习就是依据给定的样本数据集，从中学习出网络结构即各个节点之间的依赖关系，对于海上溢油灾害事件，如果仅仅通过专家知识手动建立网络，会带有较强的主观性，当节点较多时，各节点间因果关系是十分复杂的，部分变量无法直接判断它们的因果关系，而且可能会出现较多的间接关系，造成结构冗余，因此这种方法构建的网络结构不太适合作为最终的结构。如果仅仅由样本数据学习来构建网络结构，就需要收集大量样本，而海上溢油灾害事件作为一种突发事件，其样本数据相对缺乏。因此，综合两者，

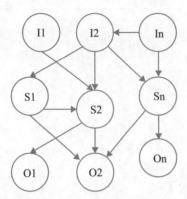

图 3.16　海上溢油灾害事件网络拓扑结构形式图

首先可以通过专家知识经验来初步确定一部分节点之间的依赖关系，从而去除大部分无意义的拓扑结构，省去了搜索空间中大部分的拓扑关系，再在此基础上通过样本数据进行结构学习，删除掉专家知识网络中多余的间接关系，识别出不确定的依赖关系，得到更好更合适的网络结构。

贝叶斯网络结构学习方法包括三类：基于评分搜索的方法、基于依赖性分析的方法、基于随机抽样的方法。评分搜索的基本思想就是遍历所有可能的网络结构，然后通过一个评估标准对各个结构进行评价，从中找出最好的结构。但候选结构的数目随着节点数的增加而呈指数级增加，一般来说由节点组成的所有可能的结构空间几乎无穷大，不可能全部遍历，因此需要有合适的搜索策略，然后还需要一个合适的评分函数评价候选结构与数据的拟合度，拟合度越好，评分越高。

由 Cooper 和 Herskovits（1992）提出的 K2 算法是贝叶斯网络结构学习方法中最著名的方法，也是本书所采取的方法，K2 算法通过贝叶斯评分和爬山法（贪婪法）进行网络结构优化。K2 算法的基本思想是在事先确定的最大父节点数目和节点顺序的情况下，将贝叶斯评分即最大后验概率作为评价标准，通过不断向网络中添加使评分函数最大的父变量，以此得到最好的结果。

K2 算法中评分函数可以描述为求在给定数据 D 下，结构 G 的后验概率，其具体公式为：

$$F_{K2}(G \mid D) = \lg P(G) + \sum_{i=1}^{n} \sum_{j=1}^{q_i} \left[\lg \frac{(r_i - 1)!}{(m_{ij} + r_i - 1)!} + \sum_{k=1}^{r_i} \lg(m_{ijk}!) \right] \tag{3.7}$$

式中，$P(G)$ 是关于结构 G 的先验概率，r_i 为变量 X_i 的状态数（r_i 种可能的取值），m_{ijk} 为在数据 D 中，变量 X_i 取值为变量 x_{ik} 且其父节点 π_i 取第 j 种状态组合的样本数，π_i 共有 q_i 种状态组合，$m_{ij} = \sum_{k=1}^{r_i} m_{ijk}$。

有了评分函数之后，结构学习就转化成对具有最优评价的网络结构的搜索问题，K2 算法是一种基于贪婪搜索的结构学习算法，它有两个限制条件来限制搜索空间的大小，一个是变量排序 ρ，已知随机变量是有顺序的，如果变量 X_i 在 X_j 的前面，则一定不存在从

X_j 到 X_i 的边；另一个是最大父节点数 u，规定任意变量的父节点数不超过 u。K2 算法从一个包含所有节点的无边图出发，按照顺序逐个确定 ρ 中变量的最优即评分最高的父节点集，并添加相应的边，其具体算法流程见表 3.7。

表 3.7   **算 法 流 程**

K2 (X, ρ, u, D)

输入：$X = \{X_1, X_2, \cdots, X_n\}$; //一组变量
        ρ //变量顺序
        u //父节点上限
        D //训练数据
      输出：贝叶斯网络结构 G

1. $G \leftarrow$ 由节点集 X_1, X_2, $\cdots$, X_n 构成的无边图

2. for i = 1 to n do

3. $\pi_i = \phi$;

4. $P_{old} = F_{k2}(G(X_i, \pi_i) \mid D)$;

5.   findmore = ture ;

6.   while findmore and $\mid \pi_i \mid < u$ do //若 X_i 父节点个数没有达到上限 u

7. $X_j \leftarrow \text{Pred}$ (X_i), $X_j \notin \pi_i$ 中 $F_{k2}(G(X_i, \pi_i \cup X_j) \mid D)$ 评分最高的节点

8. $P_{new} = F_{k2}(G(X_i, \pi_i \cup X_j) \mid D)$;

9. $if P_{new} > P_{old}$ then //新家族的 K2 评分高于旧家族

10. $P_{old} = P_{new}$;

11. $\pi_i = \pi_i \cup X_j$; //将新节点 X_j 添加为 X_i 的父节点

12.   在 G 中添加边 $X_j \rightarrow X_i$;

13.   else findmore = false；//停止寻找父节点

14.   end if

15.   end {while}

16. end {for}

17. end {K2}

2. 参数学习

通过上文的结构学习，可以得到一个贝叶斯网络结构，即知道了各个节点之间的相互依赖关系，但是还需要知道对这些依赖关系的定量描述，这就要用到贝叶斯参数，也就是每个节点的条件概率分布表（CPT）。参数学习就是从训练数据中学习节点条件概率表的过程。针对训练样本的完整度可以选用不同的方法进行参数学习。

1）基于完整数据的方法

对完整的数据集，通常采用最大似然估计（Maximum Likelihood Estimation，MLE）和贝叶斯估计（Bayesian Estimation，BE）方法学习，最大似然估计完全基于训练数据，以

频率代替概率，不需要考虑先验概率；贝叶斯估计先假定参数服从某一先验分布，一般假设服从狄利克雷（Dirichlet）分布，然后结合训练数据，利用贝叶斯后验概率公式寻找最优参数。

2）基于缺失数据的方法

在海上溢油突发事件中，由于各种因素，某些节点变量的状态有时观测不到，导致数据集不完整，针对这个问题，有各种近似的算法，其中比较常采用最大期望法（Expectation Maximization，EM）来估计模型参数。

EM 算法的基本思想是使用一种启发式的迭代方法，从一个贝叶斯网络的初始参数 θ^0 出发，运用最大似然迭代，经过 t 次迭代，得到估计 θ^t，每次迭代由两个步骤组成：

（1）E 步骤：根据初始参数值或者上一次的迭代参数值计算缺失数据的后验概率即期望值，作为新的估计值。

（2）M 步骤：将似然函数最大化，得到新的 θ 值。

反复迭代 E 和 M 两个步骤，直到结果收敛为止。

3.2.4　贝叶斯网络推理

贝叶斯网络构建的最终目的是用来推理预测，推理问题其实就是通过计算来回答所查询的问题的过程。在实际的海上溢油事件中，能获得一部分输入变量作为已知值即证据变量，通过这些输入变量，自然而然地想知道溢油事件的态势发展，比如在溢油发生之后会不会发生火灾，在一定的溢油量下会造成多大程度的污染等，通过结合上文的参数学习所获得的各节点的条件概率，可以计算查询节点变量的后验概率分布，从而推理出海上溢油事故的发展态势。

贝叶斯网络的推理算法分为精确推理和近似推理，近似推理用于复杂的贝叶斯网络推理，是为了解决精确推理在大型网络中的低效率问题，本书构建的海上溢油贝叶斯网络，结构相对而言较为简单，因此采用精确推理的方法。常用的精确推理算法包括消息传递算法（message-passing）、联结树算法（junction tree）等，联结树算法具有计算速度快、计算结果精确的特点，是应用得十分广泛的贝叶斯网络精确推理算法。它的基本思想是先将贝叶斯网络转换成联结树 JT，然后再对联结树使用消息传递的方法进行推理，从而得到贝叶斯网络推理的精确结果，联结树是由贝叶斯网络中一组变量构成的树结构。

3.2.5　贝叶斯网络实例应用

1. 实验平台介绍

1）MATLAB FullBNT 简介

MATLAB 的贝叶斯网络 BNT 工具箱是由 Kevinp. murphy 基于 MATLAB 语言开发的贝叶斯网络开源软件包，支持多种类型的节点概率分布、结构学习、参数学习、精确推理和近似推理、动静态模型，该软件包提供了很多与贝叶斯网络学习相关的底层基础函数库，在学习贝叶斯编程方面非常灵活，具有良好的扩展性，因此本书选用 BNT 工具箱进行结构学习。BNT 工具箱的相关介绍如下：

（1）贝叶斯网络的表示形式。

MATLAB 的基本数据单元是维数不加限定的矩阵，在 BNT 工具箱中，也用矩阵来表示贝叶斯网络的结构。如果节点 i 到节点 j 有一条弧，则对应矩阵中 (i, j) 的值为 1，否则为 0。图 3.17 为贝叶斯网络结构及它在 BNT 中的矩阵表示形式：

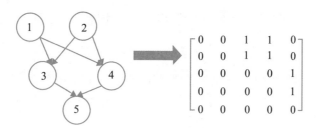

图 3.17　贝叶斯网络结构存储形式

（2）BNT 中的结构学习函数。

BNT 中有丰富的结构学习函数，在数据完整或缺失时，分布有不同算法，见表 3.8。

表 3.8 　　　　　　　　　　　　　　**BNT 中结构学习函数**

名称	函数	使用情境
K2 算法	learn_struct_k2( )	数据完整
贪婪搜索 GS（greedy search）算法	earn_struct_gs( )	
爬山 HC（hill climbing）算法	learn_struct_hc( )	
最大期望 EM（expectation maximization）算法	learn_struct_EM( )	数据缺失
马尔可夫链蒙卡特罗 MCMC（Markov Chain Monte Carlo）	learn_struct_mcmc( )	

（3）BNT 中的参数学习算法。

BNT 也提供了丰富的参数学习算法，见表 3.9。

表 3.9 　　　　　　　　　　　　　　**BNT 中参数学习函数**

名称	函数	使用情境
最大似然估计	learn_params( )	数据完整
贝叶斯估计	bayes_update_params( )	
EM 算法	learn_params_em( )	数据缺失

（4）BNT 推理引擎。

为了提高运算速度，确保各种推理算法有效运用，BNT 工具箱采用引擎机制，不同的引擎根据不同的算法完成模型的转换、细化和求解，推理过程如图 3.18 所示。

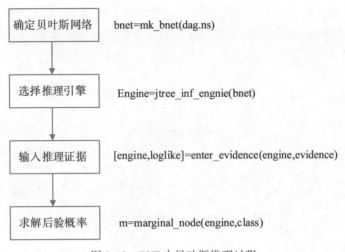

图 3.18　BNT 中贝叶斯推理过程

BNT 提供了多种推理，采用的多种引擎见表 3.10。

表 3.10　　　　　　　　　　　　　　BNT 推理引擎

名　　称	函　　数
联合树推理引擎	jtree_inf_engine( )
全局联合树推理引擎	Global_joint_inf_engine( )
信念传播推理引擎	Belprop_inf_engine( )
变量消元推理引擎	Var_elim_inf_engine( )
Glibbs 采样算法	Glibbs_sampling_inf_engine( )

2）Netica-J API 简介

Netica 是一款加拿大 Norsys 公司研发的贝叶斯信念网络软件，它提供了贝叶斯网络创建、修改、推理等各种功能，能很好地对概率进行直观的展示，它可以对构建好的贝叶斯网络进行参数学习，提供了样本数据统计、期望最大和梯度下降三种算法。

Netica-J API 是一个 Java 类库，具有贝叶斯网络的创建、学习、推理，对文件保存、修改、读取等功能。本书主要利用它提供的 NodeEx、NetEx 等类来创建贝叶斯网络。Netica-J API 具有以下特点：

（1）动态构造：它可以在内存中建立并修改网络，也可以从文件中读取和保存；

（2）以方程组的形式来表示条件概率；

（3）从数据中学习：其概率可以从案例数据 casefile 中学习，可以处理缺失数据和隐藏节点，包括 EM、梯度下降等学习算法；

（4）数据库连接：可以连接很多数据库软件；

（5）软证据：可以接受虚拟证据。

MATLAB FullBNT 提供了强大丰富的学习功能，但是可视化结果只能展示其网络结构，不能体现各节点的概率。Netica 对结构和概率都提供了良好的可视化展示，但是目前不能对网络结构进行学习。因此结合两者的特点，本文通过 MATLAB FullBNT 工具进行结构学习得到溢油贝叶斯网络结构模型，然后结合 Netica 创建该模型并进行参数学习与推理预测分析。

2. 节点状态等级划分

前文已确定了所关注的节点，但由于节点有很多不同的取值，尤其是连续型的变量，不作处理会使得计算很复杂。贝叶斯网络的各个节点可以通过一组离散的随机变量来表示相关的影响因素，而且不同取值之间相互独立，互不包含，因此，需要对节点的状态取值进行离散化分级处理，且节点的状态集要包含所有可能出现的情况。本文分级的主要依据是已有的相关标准规定以及专家经验。

1）溢油原因

根据海上溢油灾害事件的统计分析，造成海上溢油灾害事件的原因分类见表 3.11。由于石油的勘探开发造成的油井平台泄漏，如 2011 年的蓬莱 19-3 油田溢油事故；由于近岸港口码头的输油管线及油船装卸时发生的溢油，如 2018 年泉港碳九泄漏事故；由于船舶的碰撞、搁浅触礁造成的泄漏溢油，如 2018 年"桑吉"号油轮撞船事故。除以上三种原因之外的都为其他原因。

表 3.11　　　　　　　　　　　海上溢油灾害事件原因分级

节点取值	溢油原因
1	油井平台泄漏
2	港区石油装卸泄漏
3	船舶事故泄漏
4	其他

2）泄漏速度、及时堵漏

溢油发生后，油品的泄漏速度和是否及时采取堵漏措施对泄漏量有重要影响，溢油泄漏速度和及时堵漏分级见表 3.12 和表 3.13。

表 3.12　　　　　　　　　　　泄漏速度分级

节点取值	泄漏速度
2	中
3	快

表 3.13　　　　　　　　　　　　　　　　及时堵漏分级

节 点 取 值	及 时 堵 漏
1	20min 以内
2	20~60min
3	60~120min
4	120min 以上

3）风速、浪高、水流速度

　　根据相关研究，风、浪以及水流作用对溢油的漂移扩散有很大的影响，另外它也能通过影响溢油应急的效率来间接影响溢油的状态，风浪越大，溢油漂移扩散越快，相关应急工作开展也更加困难。风力、浪高、水流速度等级分级分别见表 3.14、表 3.15、表 3.16。

表 3.14　　　　　　　　　　　　　　　　风力等级分级

节 点 取 值	风 力 等 级
1	0~4 级
2	5~8 级
3	8 级以上

表 3.15　　　　　　　　　　　　　　　　浪高等级分级

节 点 取 值	浪高（m）
1	0~1.25
2	1.25~4
3	4~9
4	9 以上

表 3.16　　　　　　　　　　　　　　　　水流速度等级分级

节 点 取 值	水流速度（m/s）
1	0~0.4
2	0.4~0.8
3	0.8 以上

4）溢油种类、油品性质及溢油量

　　根据相关案例收集，海上溢油的油品种类主要包括如下 7 种，见表 3.17。溢油种类通过其相关特性（易燃性、毒性、持久性）来影响溢油发展，其中易燃性以油品的闪点为定量划分标准，溢油量的划分参考《国家重大海上溢油应急处置预案》规范。油品种类、易燃性、毒性、持久性和溢油量分级分别见表 3.17、表 3.18、表 3.19、表 3.20、表 3.21。

表 3.17　　　　　　　　　　　　　　油品种类分级

节 点 取 值	油 品 种 类
1	原油
2	燃料油
3	货油
4	凝析油
5	柴油
6	润滑油
7	其他

表 3.18　　　　　　　　　　　　　　易燃性分级

节 点 取 值	溢油闪点（℃）
1	<-18
2	-18~23
3	23~61
4	61 以上

表 3.19　　　　　　　　　　　　　　毒性分级

节 点 取 值	毒 性
1	低毒性（含烷烃较多的石蜡基油）
2	中毒性（介于两者之间）
3	高毒性（含环烷烃、芳烃多的环烷基油）

表 3.20　　　　　　　　　　　　　　持久性分级

节 点 取 值	持 久 性
1	弱持久性（汽油、轻柴油）
2	中长持久性（煤油、轻质原油、润滑油）
3	强持久性（原油、重柴油、重燃油）

表 3. 21　　　　　　　　　　溢油量分级

节 点 取 值	溢油量（t）
1	0~50
2	50~100
3	100~500
4	500~1000
5	1000 以上

5）溢油面积

溢油面积分级见表 3. 22。

表 3. 22　　　　　　　　　　溢油面积分级

节 点 取 值	溢油面积（km^2）
1	0~10
2	10~100
3	100~500
4	500 以上

6）火灾、爆炸及中毒次生事件

火灾、爆炸及中毒次生事件分级见表 3. 23。

表 3. 23　　　　　　　　　　火灾、爆炸、中毒分级

节点取值	是否火灾/沉船/中毒
1	是
2	否

7）持续时间

持续时间分级见表 3. 24。

表 3. 24　　　　　　　　　　持续时间分级

节 点 取 值	持续时间（天）
1	1~7
2	7~15
3	15~30
4	30 天以上

8) 人员伤亡、污染程度、经济损失

根据我国对安全事故等级的划分标准，对人员伤亡、污染程度、经济损失这三个输出变量作以下分级，详见表 3.25、表 3.26、表 3.27。

表 3.25   **人员死亡分级**

节 点 取 值	人 员 死 亡
2	0~3 人
3	3 人以上

表 3.26   **污染程度分级**

节 点 取 值	污 染 程 度
2	中度
3	重度

表 3.27   **经济损失分级**

节 点 取 值	经济损失（万元）
1	0~10
2	10~100
3	100~1000
4	1000 以上

3. 网络结构确定

网络节点确定之后，下一步就是确定网络结构。在贝叶斯网络中，两个节点之间的有向边具有因果关系。本节在前文溢油情景本体模型的基础上，利用本体中类与类的关系，再结合专家知识可以基本确定初步的贝叶斯网络结构，如图 3.19 所示。

基于专家经验构建的网络结构具有一定的主观性，因此在此基础上，再利用收集到的案例数据作为样本，如表 3.28 为依照节点变量分级进行量化后的样本，然后在 MATLAB 中调用 BNT 进行贝叶斯网络结构学习，采用前文阐述的 K2 算法，去掉部分冗余关系后最终得到如图 3.20 所示的网络结构。

表 3.28   **量化后样本数据**

IDnum	I1	I2	I3	⋯	S1	S2	S3	⋯	O1	O2	O3
1	1	3	4	⋯	4	2	2	⋯	1	3	4
2	3	2	2	⋯	3	1	1	⋯	3	3	4

续表

IDnum	I1	I2	I3	⋯	S1	S2	S3	⋯	O1	O2	O3
3	3	1	2	⋯	2	2	2	⋯	1	1	3
4	3	2	2	⋯	2	2	2	⋯	2	2	2
5	2	2	1	⋯	2	2	2	⋯	1	2	3

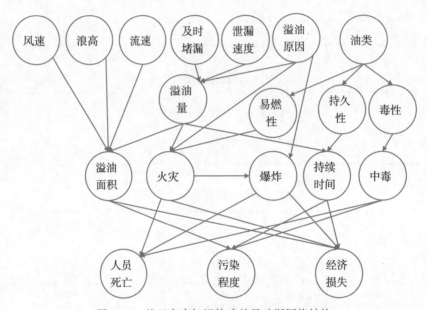

图 3.19　基于专家知识构建的贝叶斯网络结构

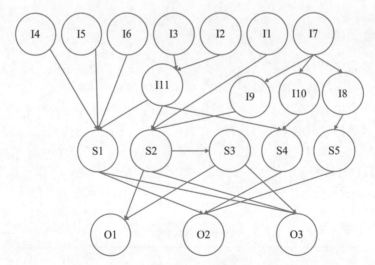

图 3.20　修正后的贝叶斯网络结构

4. 节点概率学习及推理

得到网络结构后，使用 Netica-J 工具重新创建网络，基于已经发生的溢油事故和专家经验，可以得到节点的初始概率，然后用 EM 算法通过样本数据进行参数估计，可以得到各节点间的条件概率。当事故发生时，可以把当前情景下的环境条件、溢油量、油品性质等作为证据信息，通过联结树的算法推理得到火灾爆炸的可能性、经济损失的情况等后验概率。图 3.21 为参数学习后的贝叶斯网络。

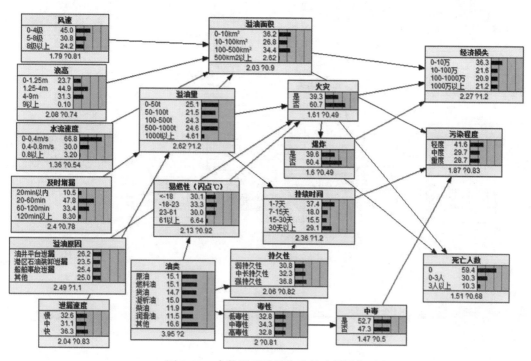

图 3.21　参数学习后的先验贝叶斯网络

根据溢油事故发生的实时情景信息，可以提取有用的信息作为态势预测的证据变量。例如，当前情景已知：碳九泄漏量为 69t，且 C9 闪点为 50℃，具有一定的毒性，当前风速为 3 级，水流速为 0.25m/s，也就是确定了 5 个变量的状态，作为先验贝叶斯网络的输入，可以通过计算得到其他相关变量的后验概率，如图 3.22 所示，可以看到发生火灾和爆炸的概率是比较小的，分别为 15.3% 和 13.1%，而发生中毒的概率变大，为 61.3%，人员死亡的概率比较低，有 81.9% 的概率不会发生人员死亡，持续时间有 77.4% 的概率在一星期以内，与本次碳九事件中造成部分人员中毒，未发生火灾、爆炸及人员死亡，并在 5 天左右使油污得到基本控制与清理的实际情况基本相符。由于样本数据有限，计算结果可能有一定的误差，当在足够多的数据下，包括更多的节点以及更多的样本数据，贝叶斯网络的推理将会更加准确，得出更好的预测结果，情景是实时变化的，给定任意时刻不同证据变量条件下，对溢油次生灾害事件发生的概率和总体灾害后果进行实时预测对应急救援工作的预防准备具有重要的指导作用。

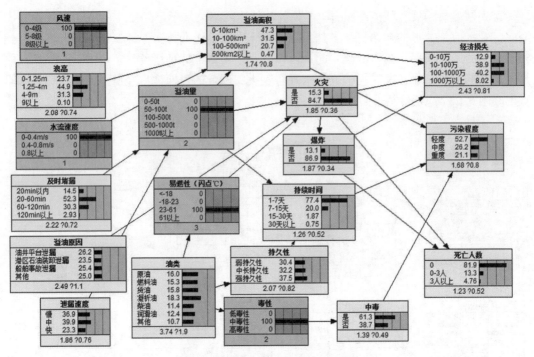

图 3.22　证据节点下后验贝叶斯网络

§3.3　基于复杂网络技术的情景分析与推演

复杂网络是一类典型的复杂系统，现实世界中众多事物，如密布的航空线路、高速公路、电力设施、通信设施，乃至神经网络、蛋白质网络都可以抽象为复杂网络来进行描述和分析（周涛等，2005）。一般复杂网络具有如下几个特征（方锦清等，2007）：

（1）网络规模大，可能有成千上万乃至数以亿计的节点数量；

（2）网络结构复杂多元，现实世界大多数的网络结构既不完全规则，也不完全随机，而是介于两者之间；

（3）节点之间存在复杂的相互作用关系；

（4）网络具有复杂的时空行为，其节点状态和拓扑结构既可以是静态的，也可以随时间、空间而动态变化；

（5）复杂网络的研究存在不同层次，既可从微观、宏观到宇观，也可从粒子、分子、生理、生态到社会不同层次展开研究。

灾害事件链也可看作一个复杂网络，事件链中的每一个环节充当一个网络节点，而各环节之间的触发、依赖等关联关系则是连接各节点的边。通过构建灾害事件链的复杂网络，可以模拟灾害蔓延的级联效应（cascading effect），实现事件链的情景推演。

本节将介绍基于复杂网络的灾害蔓延动力学模型，并考虑一类重要承灾体——城市关键基础设施系统的相互依赖关系，对灾害蔓延动力学模型进行扩充，并以2018年超强台风"山竹"为例，展示模型的应用方法和情景推演的过程。

3.3.1 灾害蔓延动力学模型

2004年，Crucitti等（2004）提出了灾害级联故障的复杂网络模型，指出一个关键节点的失效足以引发整个系统网络的崩溃。2006年，Buzna等（2006）提出了基于复杂网络的灾害蔓延动力学模型来模拟具备网络结构的系统中灾害的蔓延过程，模型考虑了节点的自修复能力、节点间的相互作用关系、时延和噪声等灾害共性特征，具有普适性。在此模型基础上，作者提出了基于不同网络拓扑结构特性指数（如节点出度、入度）的应急处置策略和应急资源分配方法，并模拟计算了不同处置方法的效果（Buzna et al.，2007）。欧阳敏等（2008）对模型进行了评述和改进，补充了系统节点冗余的影响。针对灾害链中的环状链，陈长坤和李智等（CHEN et al.，2010；Li et al.，2014）提出了考虑环状链式反应的模型，发现增大时延系数并不能阻止环状链中节点的崩溃，增加应急资源的投入则可以避免失控。

基于复杂网络的灾害蔓延动力学模型主要应用于具体灾害链的描述、关键环节识别与风险评估。例如，陈长坤等（2009；2012）利用模型分析2008年南方冰灾和"莫拉克"台风灾害链；李晓璐等（2018）将模型应用到城市轨道交通事故链的建模和分析；Ginsberg等（2017）构建了洪水灾害链的复杂网络；Tang等（2019）用模型对地震灾害链进行风险分析，基于网络拓扑结构特性，识别关键的节点，以最小的成本断链减灾。

图3.23展示了台风灾害演化系统动力学模型的框架，台风登陆时，关键基础设施系统 N_i 主要受到台风引发的环境致灾因子 H_k 的直接破坏作用，以及与之关联的其他关键基础设施系统 N_{ji} 的影响。系统遭到破坏而出现故障后，由于系统内部的相互关联关系，故障可能会在系统内进一步传播，在模型中用自循环参数 φ 来模拟。系统本身具备一定的自修复能力，受到轻微扰动时能够在没有外力救援的情况下恢复到正常状态。最后，系统内部存在固有的随机噪声（李智，2010）。

根据文献（Buzna et al.，2006；翁文国，等，2007；Li et al.，2014），台风灾害系统 S 可用网络 G 来表示，$G=（N，E）$，N 代表网络节点，它是异质的，既可以表示台风致灾因子链中的某一致灾因子，也可以表示一个关键基础设施系统；边 E 代表网络节点之间的关联关系，如致灾因子对关键基础设施系统的破坏作用，或者是两个关键基础设施系统之间的相互关联关系。赋予关键基础设施系统 N_i 一个状态值 x_i，当 $x_i=0$ 时，此时系统处于正常运行状态，没有遭到破坏；x_i 越大，说明系统偏离正常状态越严重，越接近崩溃的状态。系统状态随时间的演变可用公式（3.8）来计算：

$$\frac{\partial x_i}{\partial t} = -\frac{x_i}{\tau_i} + \sum_{j\neq i} \varphi A_{ji} x_j(t-t_{ji}) \, e^{\frac{\beta t_{ji}}{\tau_i}} + \sum_k \varphi B_{ki} H_k(t)(t-t_{ki}) \, e^{\frac{\beta t_{ki}}{\tau_i}} + \xi_i(t) \quad (3.8)$$

式（3.8）第一项表示节点 i 的自修复能力，τ 为自修复因子，值越大，节点恢复到正常状态所需要的时间越长，自修复能力越差。

式（3.8）第二项代表节点 i 所有父节点的影响，反映的是所有与 i 关联的关键基础

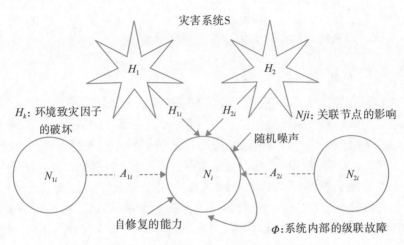

图 3.23　灾害演化系统动力学模型示意图

设施系统对系统 i 状态的改变。A_{ji} 是节点 j、i 的连接强度，反映 i 对 j 的依赖程度的大小；t_{ji} 是时延系数，值越大，节点 j 对 i 的破坏越滞后；β 是阻尼系数，描述的是系统扰动在传播过程中的强度，阻尼系数越大，扰动传播的速度越慢；自循环参数 φ 模拟节点内部的级联故障，用公式（3.9）计算，随时间 t 的增加，φ 增大，节点内部级联故障传播的速度加快。α 是给定参数，用于调控 φ 增长的速度。

$$\varphi = \left[\left(1 + \frac{1}{t} \right)^{t} - 1 \right]^{\alpha} \quad (t \geqslant 1) \tag{3.9}$$

式（3.8）第三项描述致灾因子对关键基础设施系统的破坏。同样，B_{ki} 是致灾因子 k 与系统 i 的连接强度，与 k 和 i 受损的共现频次成正比，即致灾因子 k 经常导致系统 i 受损，则连接强度 B_{ki} 较大；$H_k(t)$ 是致灾因子 k 在时间 t 的强度；t_{ki} 为时延系数，表示致灾因子与承灾体接触到造成实质性破坏所需的时间。

式（3.8）第四项模拟系统内部的随机噪声。

公式（3.9）的微分形式不便于计算机编程实现，因此将它转换成离散形式，节点 i 在时间间隔 Δt 后的状态值 $x_i(t + \Delta t)$ 可在 t 时刻状态值 $x_i(t)$ 的基础上经由下式推算得到：

$$x_i(t + \Delta t) = x_i(t)\, \mathrm{e}^{-\frac{\Delta t}{\tau_i}} + (\tau_i - \tau_i\, \mathrm{e}^{-\frac{\Delta t}{\tau_i}}) \cdot$$

$$\left\{ \sum_{j \neq i} \varphi\, A_{ji}\, x_j(t + \Delta t - t_{ji}) + \sum_{k} \varphi\, B_{ki}\, H_k(t)\, (t + \Delta t - t_{ki})\, \mathrm{e}^{-\frac{\beta t_{ki}}{\tau_i}} + \xi_i(t) \right\} \tag{3.10}$$

3.3.2　灾害蔓延动力学模型的扩充

以上模型主要从宏观的角度对灾害链进行建模，局限于对自然灾害及其次生灾害的案例统计与经验推理，缺乏定量的信息描述；对研究对象的尺度不加区分，将诸如暴雨等空间分布范围广、影响大的事件与广告牌掉落之类影响较小的事件相提并论，一定程度上模糊了应急决策的焦点，还有改进的空间。有学者从微观角度建立了更具体的模型。如 Buldyrev 等（2010）用网络模拟了 2009 年意大利大规模停电事件，并对网络的健壮性进行了进一步的分析（Gao 等，2011）；彭烁（2014）对城市道路交通网络的灾害演化动力行为进行了复杂网络建模。这些研究未考虑研究对象的空间分布对灾害蔓延的影响，实际上空间位置分布是非常重要的影响因素（Ouyang，2016），Ouyang 等（2016；2017）构建了空间灾害的耦合网络模型，分析分布于不同空间位置的灾害作用下关键基础设施系统网络的脆弱性。

关键基础设施系统作为城市的生命系统，不仅组成了灾害链的重要部分，也是决策者关注的重点，系统之间的相互依赖关系（Interdependency）也是级联故障进一步蔓延的内因，因此关键基础设施是灾害链分析建模的重要环节。同时，目前已有比较成熟的电力、供水、供气、交通等基础设施网络建模和仿真的方法与理论，这些仿真模型和领域知识可以为灾害链的定量分析提供理论和事实的支持。

下面介绍一种基于复杂网络的灾害蔓延动力学的扩充模型，此模型将关键基础设施系统的相互依赖关系纳入台风灾害链的成因讨论中，运用灾害蔓延的动力学模型模拟了台风强度、关键基础设施系统韧性、救援投入等因素对关键基础设施系统运行状态的影响。在此基础上，模拟多致灾因子作用下关键基础设施系统的级联故障，综合考虑致灾因子的时间、空间分布属性，危险性，关键基础设施系统的空间位置以及系统间相互依赖关系等因素，实现了对关键基础设施系统耦合网络运行状态的动态模拟，为应急决策提供定量的风险评估依据。

如图 3.24 所示，模型对台风灾害和基础设施系统做了一定的简化，台风致灾因子仅考虑大风与风暴潮增水，关键基础设施系统仅列举代表性的电网、电力通信网和交通网络，交通网络选择地铁线路为代表。地铁处于地下，受风暴潮增水淹没的影响最大；电网和电力通信网主要受强风影响，容易发生倒杆、导线风偏放电短路、强风刮起的异物挂线短路等故障（张勇，等，2012）。除了来自外部环境的致灾因子的影响，三个系统的相互依赖关系也会导致故障的蔓延。地铁站点依赖电力系统供电才能维持正常运行，因此地铁系统与电力系统之间是单向的依赖关系。电网中各级站点依赖电力通信网络进行有效的调度和控制，而通信设备部署在电力站点上，依存于电网，两者是相互依存的（李炅菊，等，2019）。

模型综合外部致灾因子和系统内部关联关系的共同作用，分两步模拟级联故障在系统网络中的传播过程。

1. 致灾因子的影响

模型第一步是计算关键基础设施系统外部致灾因子对网络各个节点的破坏程度。如图 3.25 所示，在强风和增水淹没的影响下，电力通信网、电网和地铁线路的部分节点被损坏而失效，其中实心圆表示正常工作的站点，空心圆代表失效的站点。根据强风和增水淹没的范围与强度的空间分布情况，可以判断哪些节点受到何种程度影响；根据基础设施承灾体自身的脆弱性，可以进一步估计受影响节点的损坏程度。

在这一步不考虑基础设施系统之间的相互依赖关系，与灾害系统演化模型类似，每一个基础设施系统网络都可以表示为一个独立的无向网络 $G = (N, E)$，N 表示网络的节点，E 为连接节点的边。x_i 为节点 i 的受损状态，当节点正常运行，没有受到外部致灾因

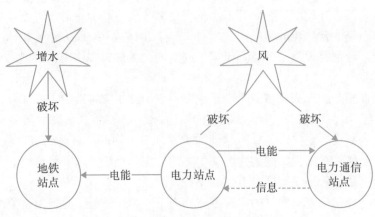

图 3.24　级联故障微观模型的研究对象

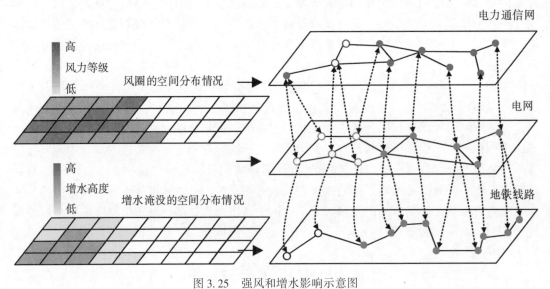

图 3.25　强风和增水影响示意图

子的破坏时，$x_i = 0$；x_i 越大，说明节点损坏越严重。下式列出了 x_i 随时间变化的过程：

$$\frac{\partial x_i}{\partial t} = -\frac{x_i}{\tau_i} + \sum_k B_{ki} H_k(t)(t - t_{ki}) \, \mathrm{e}^{-\frac{\beta t_{ki}}{\tau_i}} + \xi_i(t) \tag{3.11}$$

公式（3.11）右边第二项是计算外界致灾因子对节点的破坏，H_k 代表致灾因子 k 的危险性；B_{ki} 表示致灾因子 k 与承灾体节点 i 之间的连接强度，反映了节点 i 对于 k 的脆弱性，或者说易损程度；t_{ki} 是时延系数，指从致灾因子与承灾体接触至造成实质破坏之间可能存在时间延迟；β 是阻尼系数，与时延系数作用相同，控制损失蔓延的速度；τ_i 代表节点自身的恢复能力，值越大，节点的自我修复能力越弱，在公式第一项中得到体现；公式最后一项表示节点内部的噪声，是一个随机给定的值。

连续的微分形式不便于编程实现，下式给出了便于计算的差分形式：

$$x_i(t+\Delta t)=x_i(t)\,e^{-\frac{\Delta t}{\tau_i}}+(\tau_i-\tau_i\,e^{-\frac{\Delta t}{\tau_i}})\Big\{\sum_k B_{ki}H_k(t)(t+\Delta t-t_{ki})\,e^{-\beta\frac{t_{ki}}{\tau_i}}+\xi_i(t)\Big\}$$

(3.12)

当节点受损状态达到一定阈值 θ 时，认为节点失去了继续工作的能力。定义 F_i 为节点 i 崩溃与否的状态量，F_i 的取值满足公式（3.13），$F_i=1$ 时，节点正常运行，$F_i=0$，代表节点已失效。

$$F_i=\begin{cases}1, & x_i<\theta\\0, & x_i\Delta\theta\end{cases}$$

(3.13)

2. 级联故障在基础设施系统网络中的传播

模型第二步考虑基础设施系统之间相互依赖关系对故障传播的影响。如图 3.26 所示，左边是模型第一步计算的结果，部分节点受到强风和增水淹没的破坏已经崩溃失效；右边则展示了由于基础设施网络之间的相互依赖关系导致的故障进一步传播的结果，显然，失效的节点更多。下面分电网-电力通信网和电网-地铁网两部分详细介绍故障传播的机制。

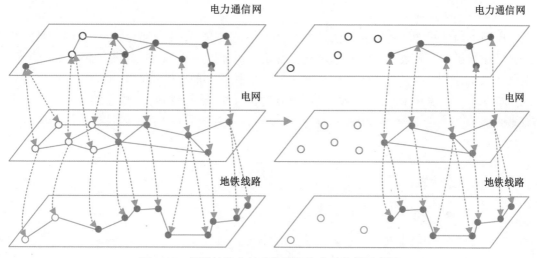

图 3.26　级联故障在基础设施网络中的传播示意图

1）电网-电力通信网

电网与电力通信网之间是相互依存的关系，两者耦合形成了信息物理电力系统耦合网络。一方故障，都有可能导致整个耦合网络的崩溃（汤奕等，2015）。Buldyrev 等（2010）提出了一个简单的模型来模拟级联故障在耦合网络之间的传播过程，即对电网和电力通信网都做了简化处理，不考虑实际输配电网中复杂的动态过程。

如图 3.27 所示，在初始状态，网络 A 中的节点 a_0 遭到外界致灾因子的破坏而失效；下一个阶段，网 B 中依赖于 a_0 的节点 b_0 被移除，与 a_0、b_0 连接的边也被移除；到阶段 2

（图 3.27（c）），b_{23}、b_{22} 与 a_{12} 不能形成闭环，无法构成独立工作的小系统，因此对于与网 A 中孤立节点相连的网 B 节点，如 b_{11} 和 b_{12}，移除它们与网 B 中其他节点相连的边；阶段 3（图 3.27（d））中对网 A 中的节点也做相同处理，得到最后的结果。

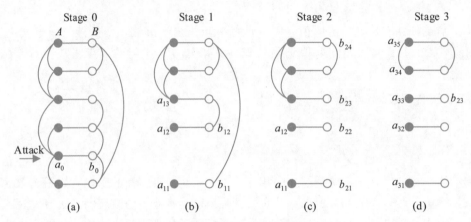

（注：实心圆构成网 A，空心圆构成网 B）

图 3.27 相互关联网络级联故障示意图

2）电网-地铁网

电网与地铁网之间是单向的依赖关系，地铁站点的正常运行依赖于电力网的持续供电，因此当供电站失效，地铁站也停止正常工作。如图 3.28（a）和图 3.28（b）所示，电网站点 a_0 遭到外界致灾因子的破坏而失效，依赖于它的地铁站点 b_0 也失效，同时相连的边被移除；当地铁站点 b_0 遭到攻击而失效时，仅移除网 B 中与之相连的边，网 A 的节点不受影响（图 3.28（c）（d））。

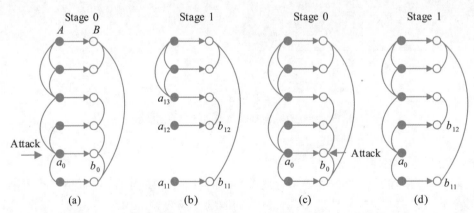

（注：实心圆构成网 A，代表电力网；空心圆构成网 B，代表地铁网）

图 3.28 电网-地铁网级联故障示意图

§ 3.4　基于机器学习的情景分析与推演

3.4.1　强化学习辅助决策概述

所谓的决策问题是指主体面对若干个可能的方案如何做选择的问题。决策论为我们提供了对这些问题进行规范描述的数学模型。理性人假设是决策的基本出发点,体现为数学模型也是收益最大化模型,在此假设的基础之上,决策主体选择能使自己收益最大化的方案。然而,决策主体同时也是计划主体,主体有能力"预先设定相对复杂的关于未来的计划,然后(通过)这些计划来指导后来的行为"。

海上溢油可能引发的次生衍生灾害难以预料,在不同区域发生溢油事件产生的后果会有很大差异,因此面对海上溢油灾害事件的决策倾向可能会根据事件发生的区域、发生的时间等有所不同。参考机器人处理决策问题时,有两种常用的设计方法:一种是基于规则的方法,例如优先状态机(Finite State Machine,FSM)、行为树(Behavior Tree,BT);另一种是基于马尔可夫决策过程的设计方法,将问题建模并转换为 MDP 问题进行求解。本书应用的是 MDP 方法,优点在于:当算力充分的情况下智能体能获得远超人类决策水平的最终效果,例如,Silver D. 等在 2016 年提出了 AlphaGo Lee 使用 13 层卷积神经网络,直接将棋盘分解为 48 个特征平面,输入 $19 \times 19 \times 48$ 的图像,经过一系列卷积操作最后输出落子位置。2016 年 3 月,AlphaGo 挑战世界冠军韩国职业棋士李世石,最终以 4∶1 的成绩战胜了李世石,这次比赛引发了人们对人工智能的广泛讨论。

强化学习任务通常用马尔可夫决策过程(Markov Decision Process,MDP)来描述,机器处于环境 E 中,状态空间为 X,其中每个状态 $x \in X$ 是机器感知到的环境的描述;机器能采取的动作构成了动作空间 A;若某个状态动作 $a \in A$ 作用在当前的状态 x 上,则潜在的转移函数 P 将使得环境从当前状态按某种概率转移到另一个状态;在转移到另一个状态时,环境会根据潜在的"奖赏"(Reward)函数 R 反馈给机器一个奖赏。综合起来,强化学习任务对应了四元组 $E = < X,A,P,R >$,其中 P:$X \times A \times X \mapsto \mathbb{R}$ 指定了状态转移概率,R:$X \times A \times X \mapsto \mathbb{R}$ 指定了奖赏;在有的应用中,奖赏函数可能仅与状态转移有关,即 R:$X \times X \mapsto \mathbb{R}$,图 3.29 给出了强化学习的一个简单示意。

使用强化学习求解 MDP 问题时,能否获得有效的策略取决于建模的准确性和奖赏函数设计的合理性,当回报函数设计得不合理时,算法可能需要极长的收敛时间,甚至不收敛。本研究通过选取固定指标的方法,衡量不同意图下的情景状态,作为对应决策意图的奖赏函数。

面对海上溢油灾害事件,一般以公众安全作为主要的决策目标,即以情景安全为目的采取应对措施,那么衡量情景安全需要的指标可能有溢油状况、船舶状况、离岸距离、海况等。这些指标值可以通过情景中的情景元素直接或间接地计算获取,例如离岸距离可以根据事件发生的位置大致估算。如果事件发生的区域正好在珍稀海洋生物的活动范围内,且周边并无海上钻井平台等易引发重大安全事故的敏感资源,那么此时的决策意图可能更倾向于保护海洋生物方面。将指标设定在有关海洋生物生存状态下,情景的度量则直接反

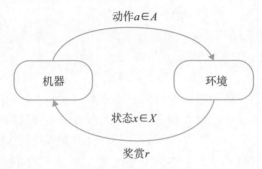

图 3.29　强化学习简单示意

映了应对措施能否更好地保护海洋生物。

　　本书以情景安全为决策目的为例构建了奖赏函数，通过实验证实深度强化学习方法在海上溢油突发事件辅助决策方面应用的可行性。

3.4.2　构造推演所需的强化学习模型

　　根据强化学习算法的定义，构建强化学习模型需要的环境、状态、动作和奖赏函数。本节整理了海上溢油灾害的特点，针对算法的定义，构建了以下算法所需的 4 个函数：

　　（1）环境：海上溢油事件发生的场所定义为环境。海上溢油事件发生后覆盖的范围较广，影响承灾体、致灾因子、抗灾体不同则会引发不一样的次生衍生灾害。所以，海上溢油灾害事件的场所包含的内容十分宽泛，本书的重点是围绕场所内的承灾体、致灾因子、抗灾体三要素。

　　（2）状态：海上溢油灾害发生后，基于情景对灾害进行了结构化的信息提取和存储。情景包含了关注的承灾体、致灾因子和其对应的更细致的元素，例如溢油油膜的颜色，油膜的厚度。这些元素能够较好地描述事故发生时的状况，本书选用结构化后的情景作为强化学习中的状态要素。尤其是在状态中未包含情景的抗灾体要素，主要是因为抗灾体大多数情况下描述的是人的救援行为，并非自然发生的状态。

　　（3）动作：在灾害应急中，决策者会根据当前的事态做出相应的决策。

　　（4）奖赏：奖赏函数的设置是强化学习中最重要的一个环节，奖励函数设置的好坏直接影响到模型的最终效果。根据 MDP 对奖赏函数的描述，奖赏函数是对当前动作转移到下一个状态后的即时反馈，本书采用了对下一个状态的情景安全度作为动作的奖赏。这样设定的含义是：当针对一个溢油事件采取措施后，如果有效，情景会朝安全的方向发展，得到的奖赏为正；相反，如果措施无效或者有害，情景则会发展得更糟糕，措施得不到奖赏或得到负奖赏。

　　由前文可知，为构建强化学习模型，现在条件中的状态可由情景库存储的情景提供，动作可由历史案例和海上溢油相关文献报告中整理得出，奖赏目前并没有直接的方法进行计算。本书设计了一个针对海上溢油情景安全量算的方法，为强化学习提供奖赏函数。

3.4.3 情景安全度量方法与奖赏函数

荷兰学者 W. Koops 于 1990 年提出海上溢油灾害事件污染等级的 DLSA 评价模型,用 9 个单项指标来对海上溢油灾害事件可能引起的污染进行分析评价,其采用的指标为:①油在水体中的毒性;②生物体的积累性;③油的持续性;④空气中的毒性;⑤爆炸的危险性;⑥火灾的危险性;⑦放射性危害;⑧腐蚀性危害;⑨致癌危险性。通过观察每起事故中油的特性定量给出上述 9 个指标的分值 S_i,然后专家对以上指标在海上溢油灾害事件污染危害中的重要性给出权重 W_i,使用求和计算海上溢油灾害事件的污染程度:

$$\text{Level} = \sum_{i=1}^{9} S_i W_i \tag{3.14}$$

刘圣勇(2005)在上述 9 个指标的基础上,扩充了溢油量、溢油位置、溢油毒性、易燃性、持久性、船舶破损情况、发生溢油的船舶的船龄、船舶吨位、船型、气候状况这 10 个因素作为溢油威胁程度评价的指标体系,并应用数学方法将这些指标量化分级,采用神经网络模型对海上溢油灾害事件评级。美国制定的华盛顿评估模型主要考虑溢油量、溢油的短周期毒性、敏感等级、溢油的持久性、溢油的黏附性等;佛罗里达州实践则考虑了流出油的加仑数、离岸距离、环境敏感系数、污染物的毒性、溶解性、持久性与消失性等评估溢油污染程度。国际石油工业环境保护协会(IPIECA)公布的石油污染对环境造成影响的指导文件中指出,不同油污事故造成的初始影响有很大差异,每次海上溢油灾害事件发生后生态恢复的时间差异也很大。海上溢油灾害事件规模与损害程度之间不存在明确的关联性,多种其他因素对溢油损害程度及生态恢复时间也有很重要的影响。影响因素包括溢油种类、溢油量、地理因素、气候以及天气雨季节、物种自身因素。参考上述模型选取的衡量指标,对溢油突发事件情景安全度量时使用了如图 3.30 所示的指标。

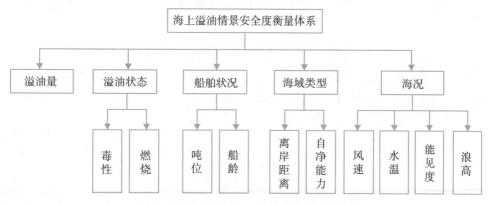

图 3.30 海上溢油情景安全度量体系指标

设计海上溢油情景安全度量体系的衡量指标时,综合了上述内容并参考了王浩林(2018)船舶溢油情境因子的选取,如当前海面环境风速、浪高等实时参数。本研究中的情景安全度量是为了衡量当前情景是否安全,或者是当前事态是否安全可控,同时本研究默认的决策意图是以海洋安全为中心，即以情景安全度量作为强化学习模型状态转移后的奖励是以海上溢油安全为决策意图的策略训练。

DLSA 模型中，指标在海上溢油灾害事件污染危害中的重要性给出权重 W_i 是由专家给出的，这就意味着 DLSA 模型需要较多的人工干预和先验知识，对溢油辅助决策系统的实时性和有效性提出了较大的挑战。1948 年，香农提出了"信息熵"的概念，信息的量化问题得到了解决。熵从最初的状态函数发展到现在被用来衡量一个随机变量出现的期望值。在事件的安全度量方面，陈业毕提出了非常规突发事件多维情景熵。海上溢油突发事件的"突发"特性让事故的危害较难量化，但是当我们对海上溢油突发事件处置经验逐步积累到一定程度，对其认知更加深刻后，其"突发"特性带来的不确定性也会逐步降低。情景的安全度量并非一成不变的，更确切地说，如果发生的事件是历史上罕有的，由于对其认识不足，无法预料到可能发生的严重危害，此类事件的安全隐患是极大的；同理，如果我们已经有了充足的应对经验，即使发生的事件是一个严重的事件，那么它的危害性很可能会比以往要小一些。总的来说，应用信息熵理论，在海上溢油突发事件领域的现实意义是：溢油事件中的小概率事件，往往由于对其认知不足，难以预料其危害性，所以应该对事态估计得更严重；反之，对于大概率会发生的事件，由于认知相对充足，可以在已知事故危害性的前提下，做出一些修正。参考多维情景熵定义与计算方法提出对海上溢油事件情景安全度度量的方法：

首先，通过采样的形式计算情景内多个不相交的情景子空间的组分分布，假定 $S = \{S_1, S_2, \cdots, S_n\}$ 表示情景 S 可划分为多个互不相交的情景子空间，且满足 $S = S_1 \oplus S_2 \oplus \cdots \oplus S_n$，则称 $\{S_1, S_2, \cdots, S_n\}$ 为多维情景空间 S 的一个情景特征子空间。在此空间将信息熵的概率分布概念扩展，定义组分分布概率 p，最后根据信息熵公式计算多维情景的情景熵。多维情景熵作为情景安全度量方法中的一部分，本研究综合考虑海上溢油灾害事件情景衡量方法中 11 个指标所带来的危害后，海上溢油灾害事件情景的安全熵计算公式扩展为：

$$H_{T \sim \rho(\cdot)} = -\sum_{z=1}^{11} g(z) \cdot p(z) \ln p(z) \tag{3.15}$$

由计算公式可知，$H_{T \sim \rho(\cdot)}$ 的取值范围是 $(0, +\infty)$，但是这样的取值范围并不便于神经网络训练时快速收敛，所以使用 sigmoid 函数将情景的安全度量值取值限定在 0.5 到 1 之间，公式如下：

$$\sigma(x) = \frac{1}{1 + e^{-x}}, \ x = H_{T \sim \rho(\cdot)} \tag{3.16}$$

式中 $\sigma(x)$ 的含义是：当情景安全度量值趋近 0.5 时，情景相对可控（海上溢油灾害事件一旦发生，任何情景应该都不是绝对安全的，所以即使在各种灾害因子取值都在较常见的范围，也会认定当前情景并不安全），当情景安全度量值越趋近 1 时，情景内的部分情景元素处在异常状态，当前情景越不可控（即越不安全）。

本节研究采用 R_s 作为状态转移后的奖赏函数，以反映应对当前情景所选取的决策动作的优劣。值得注意的是，R_s 代表了以维护海上溢油突发事件安全为决策意图的训练策略。如果需要以其他决策意图来训练策略，则需要根据实际需求构建新的情景度量方法。

R_s 定义式如下：

$$R_s = \frac{1}{\sigma(x)} - 1 \tag{3.17}$$

式中，$R_s \in (0, 1)$。当 R_s 取值接近 1 时，表示海上溢油突发事件的情景演化偏向安全可控方向发展，在强化学习模型训练时给予正向的奖励；当 R_s 取值接近 0 时，表示事件发展演变逐渐不可控，强化学习模型训练时偏向不给奖励，由于策略推荐动作的依据是积累奖励最大的那个动作，从现实意义上对强化学习模型能提供辅助决策做出了解释。

3.4.4 基于机器学习的情景预测

1. 模型原理

随机森林算法可以处理海量数据，通过对样本数据信息进行提炼和分析，开展分类或回归计算，可以有效处理多准则问题，具有较好的自适应能力。另外，随机森林法可以评价各种指标的重要程度。随机森林法随机选择特征指标进行分支，对噪声具有很好的容忍能力，计算速度快，方便实用。

1）随机森林算法框架

随机森林算法是通过装袋算法（Bagging）形成多个样本集，然后采用分类回归树（CART）作为元学习器生成组合分类器，最后由众数规则计算决策结果，算法框架如图3.31 所示。

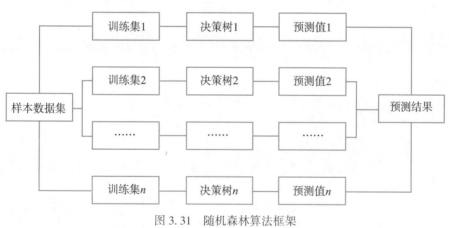

图 3.31 随机森林算法框架

（1）装袋算法。

装袋算法原理是：给定一种基学习器和一个原始样本集，用自助抽样法从原始样本中获得多个子训练集，利用基学习器训练多次，得到一个预测函数序列，这些预测函数序列可以组成一个预测函数，最后通过投票得到决策结果。

装袋算法通过自助抽样法有效地提高了随机森林算法的准确度。自助抽样法具体如下：假设样本集大小为 N，每棵决策树的子训练集通过随机有放回地抽取获得，每个子训练集中训练样本的个数与原始样本集的个数相同，允许子训练集的训练样本重复。因此，装袋算法有两个优点：一是随机有放回地抽取样本可以降低随机森林模型的方差，降低模型的泛化误差；二是使各决策树的子训练集各不相同，减少了决策树之间的相关性，提高了模型的整体效果。自助抽样法得到的各个子训练集之间的相关性越小，模型的泛化性能越好，越不容易过拟合。

（2）分类回归树算法。

对于装袋算法，提高模型分类准确率的前提是基学习器是否稳定。算法的不稳定性是指子训练集的较小变化能够引起分类结果的显著变化。Breiman 认为，不稳定的基学习器能够提高预测的准确率，稳定的学习算法不能显著提高预测准确率，有时甚至还会降低预测准确率。

Breiman 在 1984 年提出的分类回归树（CART）是一种不稳定的学习算法，因此 CART 方法与装袋算法结合就形成了随机森林算法，可以提高模型预测准确率。

分类回归树在随机森林模型中的作用就是通过训练样本集来构建可以准确分类的算法，训练样本集的过程就是决策树生长的过程。简单来讲，它是一棵由根节点、内部节点和叶子节点构成的二叉树。将处于根节点的样本集自上而下地按照一定准则进行分割，逐步得到内部节点，最后得到叶子节点，叶子节点在应用研究中代表了类别种类。需要强调的是，分类回归树选择最优特征和分割节点的标准是基尼指数，基尼指数代表某一节点的不纯度，基尼指数越小，说明节点处的样本之间的差异性越小。基尼指数越大，说明节点处的样本包含的种类越多。如果基尼指数小到一定标准，该节点处的样本就可以划分为同一类，该节点不再进行分割，得到叶子节点。样本集 S 的基尼指数可以表示为：

$$\text{Gini}(S) = 1 - \sum_{n=1}^{N} \left(\frac{\mid C_n \mid}{\mid S \mid} \right)^2 \tag{3.18}$$

式中，S 为某节点处样本集，C_n 为样本集 S 中属于第 n 类的样本集。

样本集 S 在某一特征 A 某一取值 a 处进行分割的基尼指数可以表示为：

$$\text{Gini}(S, A) = \frac{\mid S_1 \mid}{\mid S \mid} \cdot \text{Gini}(S_1) + \frac{\mid S_2 \mid}{\mid S \mid} \cdot \text{Gini}(S_2) \tag{3.19}$$

式中，S 为某节点处样本集，S_1 和 S_2 为利用特征 A 处的取值 a 分割后的两个子样本集。

另外，可以设置划分节点时决策树生长的停止条件来控制决策树，比如考虑的最大特征数、决策树最大深度、内部节点再划分所需样本数、叶子节点最小样本数等决策树参数。

单分类回归树的递归生长过程如下：

①对每一个特征 A 和该特征每一个可能的取值 a，根据 $A \leqslant a$ 和 $A > a$ 将样本集 S 分割成两部分，计算样本 S 在特征 A 取值 a 时的基尼指数。

②将所有特征和特征对应的所有可能切分值进行遍历，选择基尼指数最小的特征和特征对应的取值作为分割节点，将样本集分为两个子集。

③递归地调用第一步和第二步，直到满足分类回归树的生长停止条件。分类回归树生长的停止条件包括基尼指数小于阈值、决策树深度达到设置的最大值、内部节点划分时样本个数小于设置值。

④判断叶子节点的风险等级，决策树生成，不再修剪。

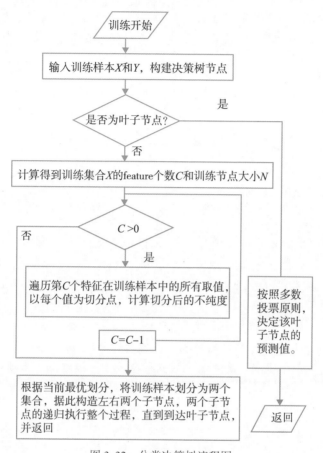

图 3.32　分类决策树流程图

2）袋外数据估计

随机森林利用自助抽样法对样本集进行随机有放回地抽样，假设原始样本集有 N 个样本，则每个样本有 $(1-1/N)$ N 的概率不被抽取到，如果 N 取无穷大，这个概率大约等于 0.37，说明大概有 37% 的原始样本不会被抽取，这部分未被抽取到的样本称为袋外数据（out of bag，OOB），利用袋外数据评估模型误判率的过程叫做 OOB 估计。

Breiman 通过研究提出，OOB 估计的模型准确率几乎等于测试与训练集同规模的测试集的准确率，意味着 OOB 估计的效果近似于交叉验证，而且比交叉验证快捷高效，因此随机森林一般情况下可以不对测试集进行测试。

3）特征重要性

特征重要性表示特征对预测结果的影响程度，某一特征重要性越大，表明该特征对预测结果的影响越大，重要性越小，表明该特征对预测结果的影响越小。通过计算特征重要性可以判断在交通事故中对事故严重程度影响较大的因子有哪些。随机森林模型中某一特征的重要性，是所有决策树得到的该特征重要性的平均值。采用 Python 的 sklearn 内部树模型计算特征重要性的方法，即某节点重要性为：

$$n_k = w_k \cdot G_k - w_{\text{left}} \cdot G_{\text{left}} - w_{\text{right}} \cdot G_{\text{right}} \tag{3.20}$$

式中，w_k、w_{left}、w_{right} 分别为节点 k 以及其左右子节点训练样本个数与总训练样本个数之比，G_k、G_{left}、G_{right} 分别为节点 k 以及其左右子节点的不纯度。某一特征的重要性为：

$$f_i = \frac{\sum\limits_{j}^{m} n_j}{\sum\limits_{k}^{N} n_k} \tag{3.21}$$

式中，m 为在这个特征上切分的节点个数，N 为节点总个数，最后再将特征重要性标准化。

2. 风暴潮灾害最大增水预测

1）输入因子选取

造成台风风暴潮灾害增水的因子有很多，有风、气压、台风强度、路径等，是极其复杂的过程。考虑到自然因素和地形因素，选取最小中心气压、最大风速、登陆时中心气压、登陆时风速、登陆时台风强度、登陆地点（划分到市级）、登陆方向这 7 个输入因子，并将字符型输入因子数量化。

2）数据来源

选取 1989—2018 年在广东省、福建省、浙江省登陆的 98 场台风风暴潮灾害，输入因子数据来自中国气象台台风网，最大增水数据来自《中国风暴潮灾害史料集》。

3）模型参数的确定

随机森林回归模型中待调整参数来自 Bagging 框架和回归决策树。Bagging 框架有两个重要参数：最大决策树个数（NE）和袋外分数（OB）。决策树中对模型影响最大的 4 个参数：决策树划分节点时考虑的最大特征个数（MF）、决策树允许的最大深度（MD）、内部节点再划分所需的最小样本数（MSS）、叶子节点处含有的最小样本数（MSL）。

将袋外分数最高的一组参数作为最终模型参数，见表 3.29。

表 3.29　　　　　　　　　　　　　　　模　型　参　数

NE	MF	MD	MSS	MSL
276	1	8	2	1

4）模型验证

随机选取 78 个样本为训练样本，20 个样本为测试样本。训练样本正确率为 96.6%，测试样本正确率为 72.5%。图 3.33 和图 3.34 分别是训练样本和测试样本的最大增水预测效果。

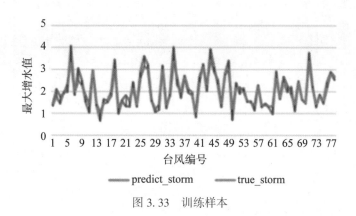

图 3.33 训练样本

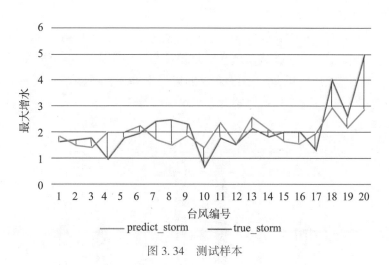

图 3.34 测试样本

测试样本预测曲线走向与真实值曲线走向基本一致,说明预测值一定程度上可以反映真实值,可以作为实时预测台风风暴潮灾害对影响区域造成的最大增水的参考。

5)模型应用

为了验证模型的实用性,将模型应用到对后来年份台风风暴潮最大增水的预测上。收集了 2019 年和 2020 年在广东省、福建省和浙江省登陆的 7 场台风数据进行最大增水预测,见表 3.30。

表 3.30 台风最大增水预测

台风编号	台风名称	最大风速(m/s)	最小中心气压(100Pa)	首次登陆城市	最大增水(m)
1907	"韦帕"	23	985	湛江市	1.51862
1909	"利奇马"	62	915	台州市	2.74992

续表

台风编号	台风名称	最大风速(m/s)	最小中心气压(100Pa)	首次登陆城市	最大增水(m)
1911	"白鹿"	30	980	漳州市	1.53057
2002	"鹦鹉"	23	990	阳江市	1.86263
2004	"黑格比"	38	965	温州市	2.39154
2006	"米克拉"	33	980	漳州市	1.49740
2007	"海高斯"	35	970	珠海市	1.96628

以超强台风"利奇马"为例分析,根据浙江省 2019 年 8 月 8 日 4 时的增水预报,受台风风暴潮增水影响,沿海验潮站中最大增水在胡陈港,为 2.70m。由表 3.30 可知,模型预测最大增水为 2.74992m,与实际情况几乎符合。

6) 特征重要性分析

为了分析影响最大增水的特征因子,输出特征重要性如图 3.35 所示。影响程度最大的是登陆风速和登陆中心气压,这与公众认知相符合。登陆方向和登陆地点影响程度也较大,相同自然因素(气压、风速、强度等)的风暴潮在不同地点、以不同角度登陆会导致不同的增水效果,这主要是地形因素导致的。

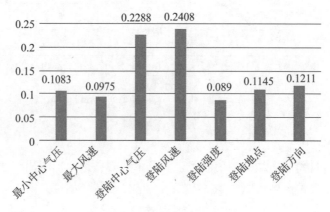

图 3.35　特征重要性

3. 验潮站最大增水预测

具有地理信息的最大增水预测对于应急是更有意义的,用 MIKE21 软件数值模拟以往风暴潮验潮站处的增水。已有许多专家学者对 MIKE21 模型的精确度和拟合度进行了反复验证。许婷(2010)介绍了 MIKE 软件水动力学模块的计算原理和参数。刘晓琴等(2020)基于 MIKE 系列模型构建了杨庄蓄滞洪区洪水演进二维 MIKE21 模型并进行了实测验证。孙玲玲(2020)以黄壁庄水库为例利用 MIKE21 模型对库区洪水进行数值模拟,与实测值吻合较好。Linhan Yang 等建立了将 SWMMH 和 MIKE21 耦合的模型用来模拟在固定和非固定降雨条件下具有不同返回周期的城市洪水。

1）数据处理

使用 MIKE21 软件模拟了 1990—2018 年在广东省登陆的 55 场台风风暴潮灾害。在上述最大增水预测模型的基础上，根据水动力模型原理将台风持续时间也作为输入因子，将模拟的港口验潮站和北津验潮站附近的最大增水作为输出数据进行模型训练。

2）模型训练与验证

随机选取 90% 为训练样本，10% 为测试样本。港口站和北津站训练样本正确率分别为 97.43% 和 97.40%，测试样本正确率分别为 95.12% 和 98.32%，测试样本结果如图 3.36 和图 3.37 所示。

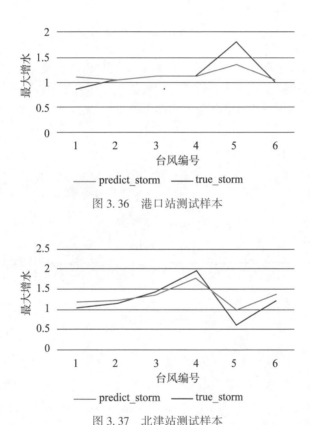

图 3.36 港口站测试样本

图 3.37 北津站测试样本

本节构建的最大增水预测模型，用真实数据进行了验证。将模型应用于对未来年份台风风暴潮灾害的预测，以 2019 年台风"利奇马"为例说明了模型的可实用性。分析了 7 个输入因子对台风风暴潮增水效果的重要性，为情景推演时情景构建提供了重要依据。构建的验潮站最大增水预测模型，经验证具有可行性。但是由于训练样本较少，后续模型应用还需要更多的数据。

§3.5　耦合情景推演

3.5.1　耦合事件链

当今社会，随着自然、经济、社会各方面的联系程度日益增强，使得一个系统发生的突发事件很容易导致其他系统事件的发生，这就是突发事件的耦合现象。研究突发事件的耦合机理，有利于探究突发事件的演化规律及其触发机理，以便实现断链减灾。

突发事件耦合是指两个及以上的突发事件相互作用、相互影响，随后引发新的突发事件或导致突发事件升级的现象。按照耦合对象的作用分类，可以分为发生型耦合、加速型耦合、加重型耦合、转化型耦合四种类型。

1. 发生型耦合

发生型耦合是指多事件耦合之后，导致新的突发事件的发生。如图 3.38 所示，事件 A 与事件 B 耦合之后，产生了新的事件 C，但事件 A 与事件 B 仍然存在。例如，地震灾害与暴雨灾害耦合之后会引发滑坡和泥石流等地质灾害。

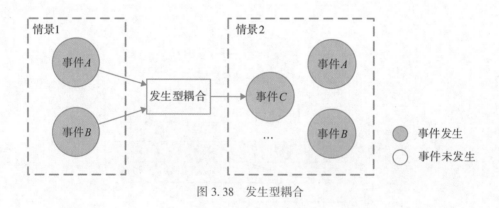

图 3.38　发生型耦合

2. 加速型耦合

加速型耦合是指多事件耦合之后，使原本突发事件的发生发展速度加快。如图 3.39 所示，事件 A 对事件 C 的致灾速率为 V_1，事件 B 对事件 C 的致灾速率为 V_2，当事件 A 与事件 B 发生耦合后，其对事件 C 的致灾速率加快。例如，大风和火灾事故相互耦合，可使燃烧速度变得更快。

3. 加重型耦合

加重型耦合是指多事件耦合之后，使原本突发事件变得更严重。如图 3.40 所示，事件 A 触发事件 C 的风险为 R_1，事件 B 触发事件 C 的风险为 R_2，当事件 A 与事件 B 发生耦合后，其共同触发事件 C 的风险增加。例如，在风暴潮灾害过程中，如果有天文潮这个

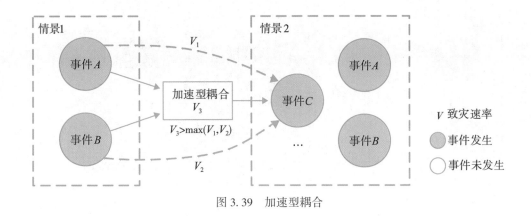

图 3.39 加速型耦合

耦合因素存在，会使风暴潮引发的城市内涝变得更加严重。

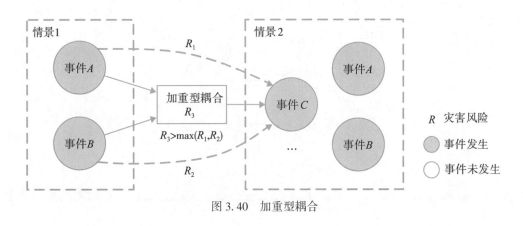

图 3.40 加重型耦合

4. 转化型耦合

转化型耦合是指多事件耦合之后，使原本突发事件发生转化，变成新的突发事件。如图 3.41 所示，事件 A 与事件 B 耦合后引发了新的事件 C，而事件 A 或事件 B 自身可能消失。例如，地震造成的坍塌与暴雨相互耦合，会转化为堰塞湖事件。

四种耦合类型是针对耦合对象的作用进行分类的，而从概率计算的角度出发，这四种类型又可以抽象出两种概率计算模型。发生型耦合和转化型耦合都是两个或两个以上事件同时发生后，共同引发新的事件，缺少任何一个上一级事件耦合都不会发生，与逻辑运算中的与运算类似。加速型耦合和加重型耦合中的每个上一级事件均会独立引发下一级事件，与逻辑运算中的或运算类似，耦合体现了多事件的协同性增效作用，即 1+1>2 的效果。接下来具体推导这两种耦合类型的概率公式。

假设事件 A 与事件 B 共同引发事件 C，如图 3.42 所示，事件 A 发生的概率为 P_A，事件 B 发生的概率为 P_B，事件 A 和事件 B 同时发生后会引发事件 C 的概率为 $P_{AB \to C}$，则事件 C 发生的概率 P_C 的计算公式为式(3.22)所示：

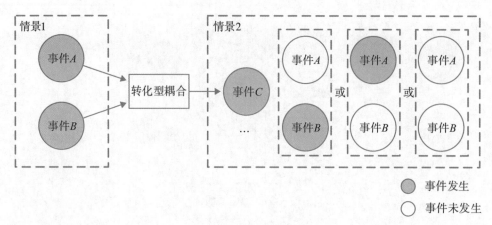

图 3.41　转化型耦合

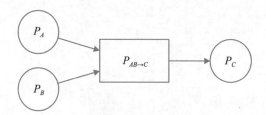

图 3.42　发生型和转化型耦合概率模型

$$Pc = P_A \times P_B \times P_{AB \to C} \qquad (3.22)$$

将上一级事件数量增加到 i 个后，如图 3.43 所示，P_1，P_2，P_3，…，P_i 表示事件 1，事件 2，事件 3，…，事件 i 的发生概率，P_{trigger} 表示事件 1，事件 2，事件 3，…，事件 i 发生后共同引发事件 Z 的概率，则事件 Z 发生的概率 P_z 的计算公式如式（3.23）所示：

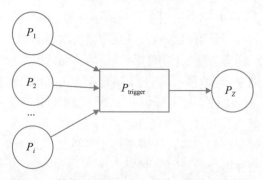

图 3.43　推广后的发生型和转化型耦合概率模型

$$P_Z = \prod_{i=1}^{n} P_i \times P_{\text{trigger}} \qquad (3.23)$$

假设事件 A 与事件 B 各自均会引发事件 C，如图3.44所示，事件 A 发生的概率为 P_A，事件 A 发生后引发事件 C 的概率为 $P_{A \to C}$，事件 B 发生的概率为 P_B，事件 B 发生后引发事件 C 的概率为 $P_{B \to C}$，则事件 C 发生的概率 P_C 的计算公式如式（3.24）所示：

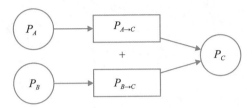

图 3.44　加速型和加重型耦合概率模型

$$P_C = 1 - (1 - P_A \times P_{A \to C}) \times (1 - P_B \times P_{B \to C}) \qquad (3.24)$$

将上一级事件数量增加到 i 个后，如图3.45所示，P_1，P_2，P_3，$\cdots$，P_i 表示事件1，事件2，事件3，$\cdots$，事件 i 的发生概率，$P_{1 \to Z}$，$P_{2 \to Z}$，$P_{3 \to Z}$，$\cdots$，$P_{i \to Z}$ 表示事件1，事件2，事件3，$\cdots$，事件 i 发生后各自独立引发事件 Z 的概率，则事件 Z 发生的概率 P_Z 的计算公式如式（3.25）所示：

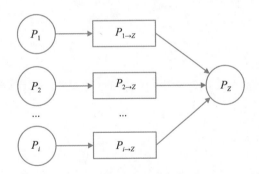

图 3.45　推广后的加速型和加重型耦合概率模型

$$P_Z = 1 - \prod_{i=1}^{n} (1 - P_i \times P_{i \to Z}) \qquad (3.25)$$

例如，台风风暴潮灾害作用于海上钻井平台会引发溢油事故，溢油通过海水倒灌进入内陆后会引发一系列次生衍生事件，例如岸滩污染、食品污染、土壤污染等。另外，浒苔灾害也是一种常见的海洋环境安全事件，会对岸线、生态、大气等造成一定的危害。因此，本章用同样的事件链构建方法依次构建台风风暴潮灾害、海上溢油灾害和浒苔灾害的事件链，然后根据知识构建三者之间的耦合关系，主要考虑了加重型耦合关系，即多灾种共同引发某一类次生衍生事件，事件风险上升。风暴潮灾害、海上溢油灾害和浒苔灾害耦合事件链如图3.46所示。

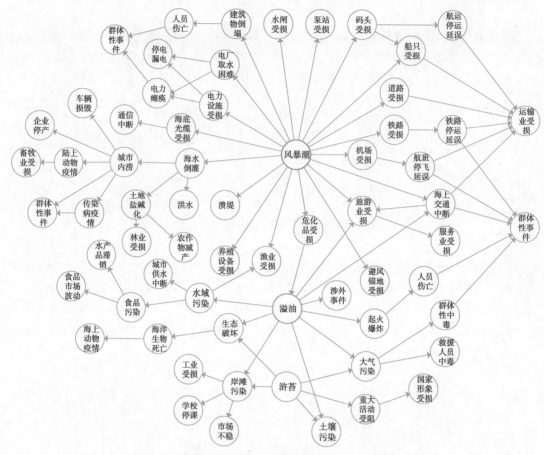

图 3.46　风暴潮灾害、海上溢油灾害、浒苔灾害耦合事件链

§3.6　本章小结

本章在情景库构建技术的基础上介绍了情景推演方法，针对灾害事件中的链式现象，提出了通用的基于事件链的情景推演方法，设计了通用的事件链形式化表达形式，研发了基于模糊 Petri 网的事件链风险演化模型；针对具有明确概率转化规则的事件，阐述了基于贝叶斯网络的情景推演方法；从复杂网络的视角，阐述了基于复杂网络技术的灾害链情景推演方法；结合机器学习方法，阐述了强化学习在情景推演、情景预测和情景安全度量中应用，最后构建了海洋典型灾害事件的耦合情景推演网络。

第4章　情景可视化技术

§4.1　三维情景可视化引擎技术

三维可视化技术最早诞生于 20 世纪 60 年代，首先应用于军事领域。20 世纪 80 年代，好莱坞电影公司开始将三维特效技术应用在电影行业中。20 世纪 90 年代，三维技术得到飞速发展。21 世纪，随着电脑系统生态和计算机语言的发展，三维可视化技术进入繁荣期，SVG 三维矢量技术、BIM 技术、GIS+BIM 技术、WebGL 技术甚至连 AR、VR 等虚拟现实技术都开始应用于各行各业。

在情景推演过程中，利用三维可视化技术可以相对直观地再现情景的客观感知。考虑到可视化的流畅度、渲染程度、颗粒度和数据支持、场景适用性以及软件应用架构，基于 WebGL 的三维情景可视化技术更适合应用于情景推演的可视化。WebGL 是基于 B/S 架构的轻量级可视化前端技术，它是一个跨平台、免费的、可在 Web 浏览器创建三维图形的 API。WebGL 是基于 OpenGL ES2.0 标准，并使用 OpenGL 着色语言 GLSL，而且还提供了类似于标准的 OpenGL 的 API。WebGL 可以直接在 HTML5 的 Canvas 元素中绘制三维动画并提供三维加速渲染，支持在目前所有主流移动终端上实现可视化效果展示。

目前，基于 WebGL 的 API 已经开发出许多优秀的 WebGL 框架，其中主要包括：Three.js、Cesium.js、GLGE、C3DL、PhiloGL 等。这些 WebGL 框架的使用流程大多是相通的，在可视化情景时都需对三维世界的基本元素进行定义，主要包括：①场景（scene）：场景是用来放置图形元素的空间，任何物体都需要添加到场景中才能展示出来；②摄像机（camera）：同真实世界中相机一样，相机位置决定了观察场景的视点；③渲染器（render）：渲染器完成从计算机中三维数据表示到二维显示器平面上显示出图像的转换过程，经过渲染器渲染后的场景即可展示在用户面前；④对象（object3D）：即需要在场景中展示的物体。

目前，为同时满足"采用 WebGL 技术""基于三维球开源框架""实现大数据渲染"的需求目标，Cesium 是最佳选择。Cesium 是一个不需要插件即可在浏览器中创建 3D 地球和 2D 地图的 JavaScript 库。它使用 WebGL 来进行硬件加速图形，跨平台、跨浏览器，并且适应于动态数据可视化。Cesium 用于创建虚拟 3D 地理信息平台，支持 2D、2.5D、3D 形式的地图展示，可以自行绘制几何图形，高亮区域显示，支持导入图片和视频，甚至支持三维模型等多种数据可视化展示，目前 3D 模型只支持 glTF 格式。此外，它还可以用于动态数据可视化并提供良好的触摸支持，支持绝大多数的浏览器和移动端浏览器，还支持基于时间轴的动态流式数据展示。

　　当前 3D 模型种类众多,用户往往需要针对不同的模型安装不同的模型解析软件,而且不同数据类型保存的模型的数据情况不同,有些只是保存了几何数据,有些则保存了类似材质等很多数据,没有统一的格式标准,因此 glTF 应运而生。glTF 是一种可以减少 3D 格式中与渲染无关的冗余数据并且在更加适合 OpenGL 簇加载的一种 3D 文件格式。glTF 源自 3D 工业和媒体在发展过程中对 3D 格式统一化的急迫需求。如果用一句话来描述:glTF 就是三维文件的 JPEG,三维格式的 MP3。在没有 glTF 的时候,使用者都要花很长的时间来处理模型的载入。很多游戏引擎或者工控渲染引擎,都是使用插件的方式来载入各种格式的模型。可是,各种格式的模型都包含了很多无关的信息。就 glTF 格式而言,最大的受益者是那些对程序大小敏感的 3D Web 渲染引擎,只需要很少的代码就可以顺利载入各种模型。此外,glTF 是对近 20 年来各种 3D 格式的总结,使用最优的数据结构,保证了最大的兼容性以及可伸缩性。

　　除了上述提到的应用之外,Cesium 还支持基于 CZML 数据格式展示动态场景,比如运动的三维模型(小车、飞机等)按照某轨迹运动;可以加载 KML 数据格式,在地图上坐标点处添加图标或标注信息等;支持地形展示,可以自动模拟出地面、海洋的三维效果等。基于 WebGL 的三维可视化技术对于情景推演技术支持起到了重要作用,情景推演与 WebGL 可视化技术结合应用必定会越来越广泛。

§4.2　海洋环境场景要素可视化

4.2.1　海洋环境大场景数据可视化

　　海洋环境大场景包括 DEM、DOM、风场、流场等情景要素可视化。我们将获取到的分辨率为 30m 的 DEM 地形数据、分辨率为 2m 的 DOM 正射影像,以及从美国国家海洋和大气管理局(NOAA)中获取的 netCDF 风场、流场观测数据,分层加载到 Cesium 中。

　　在 Cesium 中支持的地形数据有两种,分别为 STK World Terrain 和 Small Terrain。STK World Terrain 是基于 quantized-mesh 的高分辨率地形数据。这是一种基于格网的地形数据,可以利用 WebGL 中的 Shader 来渲染。

　　将 GeoTIFF 数据转化成 *.terrain 文件,并配置到 webserver 下进行发布,在完成对地形瓦片数据的处理及发布后,即可对 Cesium 进行三维 WebGIS 的开发。对于地图数据的加载,主要用到 Cesium 中的 Viewer 类、CesiumTerrainProvider 类以及自定义的加载影像数据的 WMTSImageryProvider 类,分别用于完成建立地图容器、地形数据调用及地图数据调用。

　　对于风场、流场的环境要素数据,NOAA 采用的是 netCDF 格式,可提取其中感兴趣的数据按照自己需要的方式进行组织。风场数据由风速 X 分量和 Y 分量组成,每个分量格式一致。在这里我们按照以下格式组织 Json 数据:

　　(1) data(Array)描述当前分量每个格点的风速大小(m/s);

　　(2) header(Object)描述风场信息是如何组织的;

　　(3) meta(Object)描述风场的一些基本信息,如日期等。

然后在 Cesium 中实现动态风场，使用 Cesium. PolylineGeometry 几何元素进行模拟。

4.2.2　基于 LOD 技术的数据分级分块处理

Cesium 中对于地形数据采用层次细节模型（Level Of Details，LOD）算法进行组织。诸如谷歌地球等三维 GIS 可视化平台能够展现全球大范围的精细空间要素信息，且具有很高的效率，对于海量数据的组织和处理，需要按照 LOD 的思想来处理。LOD 技术是指根据物体模型节点在显示场景中所处的位置和重要程度，决定渲染的资源分配，降低非重要物体的面数和细节度，从而达到高效率的渲染运算的目的。

对于三维 GIS 平台来说，关注重点在于空间要素。比如，对于全球 70% 左右的海洋区域的数据来说，不需要太高的精度要求。用户在三维 GIS 平台浏览时，因视点位置和观察范围的不同，对数据的要求也不同。用户视点远离时，观察到的场景范围变大，对场景要素绘制的精细程度要求降低；用户视点移近时，观察到的场景范围变小，对场景要素绘制的精细程度要求升高。

根据 LOD 的思想对数据进行分级分块处理。数据分级是对原始数据进行重采样，生成分辨率从大到小级别由高到低的采样后的数据，不同级别的数据具有不同的细节层次，能够表示的要素信息也不同。例如大范围的地域模型显示的细节层次最低，只显示区域的地形和影像信息；城市级/场地级模型显示精细度较低，简化为块状几何体的建筑模型；显示精度为中等的建筑模型具有屋顶和纹理贴图信息等。

构建瓦片地图是对大数据量的矢量数据、影像数据、地形数据的一种解决方法。Cesium 内部基于四叉树数据的索引方式加载瓦片地图数据，避免一次性请求的数据量过大，实现绘制的 LOD。

可视化使用影像数据用于展示大范围场景的材质信息，地形数据则用来描述地表的高低起伏信息，内部使用裁剪算法采用分级 LOD 的方式来进行地形和影像数据的调度。

如图 4.1 左上影像瓦片分割所示，虚拟地球被分为不同的区块，Camera 的不同视点位置和视域范围下，这些区块只有部分可见。对于可见的区块部分，每一个区块通过一张地形瓦片数据和一张影像瓦片数据渲染而成。不同的区块可能对应着不同的瓦片级别，区块与 Camera 的距离决定了区块所需要的瓦片数据的细节层次级别。

影像和地形数据都是以瓦片形式存储的，并对每个瓦片进行编号。下面介绍基于瓦片的四叉树调度：

1）瓦片的组织结构

如图 4.1 所示，瓦片数据结构为四叉树数据结构，任意一张瓦片通过 level、x、y 确认其位置，level 是瓦片所在的级别，不同级别的瓦片具有不同的分辨率，从原始影像或者地形数据重采样为一系列分辨率、level 值由低到高的瓦片级别，对每一个级别的瓦片，进行分块，对某一个级别下的瓦片，通过其 x，y 行列号标识其位置。瓦片的四叉树结构的特点包括：①低级别的瓦片分辨率低，瓦片数目少，第 0 级是 1×1 张瓦片；②高级别的瓦片分辨率高，瓦片数目多，也就是全球范围的影像被分为更多的块；③从第一级开始，每一级别的瓦片数目是前一级别瓦片数目的 4 倍，对应瓦片的行数和列数分别是前一级别的 2 倍。

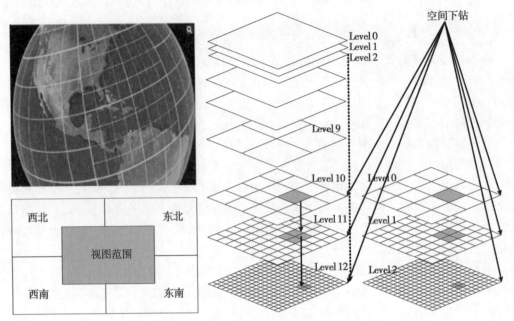

图 4.1　基于空间分割的瓦片数据分层调度过程

2）瓦片的调度方式

瓦片的金字塔结构对应四叉树结构的组织方式，对于任意一张瓦片来说，瓦片的拓扑关系包括瓦片的上一级的双亲节点瓦片，下一级的孩子节点瓦片，同一级别的兄弟节点瓦片。因此进行瓦片调度时，首先建立起瓦片的拓扑结构，这样通过任意一张瓦片我们就可以遍历找到它在瓦片金字塔中的任意一个祖先节点或者子孙节点。对于任意一张瓦片 x，y，level，其父节点在瓦片金字塔中的位置为 $x/2$，$y/2$，level 1，任意一张瓦片有 4 个孩子节点瓦片，对于瓦片 x，y，level，其 4 个方位的孩子在瓦片金字塔中的位置可以通过公式进行计算。

3）四叉树结构的数据调度

影像和地形数据源服务都是按照四叉树结构组织瓦片数据的。在三维可视化场景中进行漫游时，有两种情况：①Camera 视点远离时：用户能够观察到三维可视化场景范围不断扩大，然而此时对于三维场景要素的渲染精细程度并没有太高的要求，因此只需要低级别的瓦片数据就可以满足当前用户的观察需要；瓦片金字塔数据结构中低级别的瓦片数据分辨率较低，瓦片数目也较少，因此实际所需的数据总量也较小；② Camera 视点拉近时：用户能够观察到的三维可视化场景范围不断缩小，然而此时对于三维场景要素的渲染精细程度要求较高。当 Camera 的视点位置拉近到三维场景中的街道级别时，用户希望看到街道的车辆信息、道路信息等精细的细节层次，所以此时需要级别较高的瓦片数据；瓦片金字塔数据结构中高级别的瓦片数据分辨率较高，瓦片数据量也较大，然而此时用户的观察范围也较小，因此真正需要获取的瓦片数据量也较少。

4.2.3 基于 glTF 的三维模型管理

对于海洋中情景实体的要素模型，系统基于 glTF 格式统一对单体数据进行管理。在展示时，通过空间标定将单体模型数据与大场景数据进行融合展示。

1. 单体模型数据管理

glTF 的全称是 GL 传输格式，是一种针对 GL（WebGL，OpenGL ES 以及 OpenGL）接口的运行时资产（asset）。在 3D 内容的传输和加载中，glTF 通过提供一种高效、易扩展、可协作的格式，填补了 3D 建模工具和现代 GL 应用之间的空白。

图 4.2 是 glTF 的一个大概结构，分为四大块，顶层的 JSON 是一个表述，描述该模型的节点层级、材质、相机、动画等相关逻辑结构，.bin 则对应这些对象的具体数据信息，glsl 是对该模型渲染的着色器，针对该模型的数据信息，给出渲染"配方"，当然还有纹理内容。大块内容可以以 Base64 的编码内迁到文件中，方便拷贝和加载，也可以以 URI 的外链方式，侧重重用性。

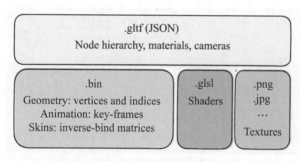

图 4.2 分层 glTF 数据结构

这种策略上的数据结构灵活性为不同的建模平台转化 glTF 数据提供了很大的便利，同时对于 glTF 的使用者也提出了更高的要求：需要根据应用情况对被表达的物体设计合适的数据结构。

JSON 文件是 glTF 的核心部分，它描述了一个三维模型场景的结构及组成部分。组成这个文件的主要元素包括以下几个方面的内容：场景的基本结构、在场景中出现的三维物体、三维物体数据的索引信息、物体应该如何渲染的相关信息。描述场景的基本结构的元素主要有 scenes、nodes、cameras 和 animations；描述场景中出现的三维物体的元素主要有 meshes、textures、images、samplers、skins；数据类信息的元素有 buffers、bufferviews、accessors；渲染的有关信息的元素有 materials、techniques、programs 和 shaders。这些元素都以字典的形式存储在文件中。

系统通过 glTF 统一组织单体数据，可以避免 3D Tiles 数据管理方式效率较低的弱点，同时也可以兼顾小的模型中潜在的动态运动特征，有效降低了系统调度的开销。

2. 情景推演单体模型数据分类与可视化

本书重点采集和生成海洋灾害中承灾体的模型,一方面丰富了推演过程中单体模型的种类和数量,另一方面对于动力学模型中难以模拟的灾害对具体承灾体的影响情形进行刻画和重现。

如图 4.3 所示,以溢油事件相关单体模型为例,主要包含三个类别:固定类型的海上设施模型、可移动的单体模型,以及人工放置类的模型。

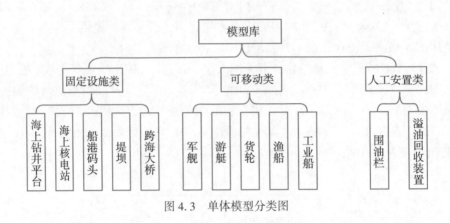

图 4.3　单体模型分类图

针对该分类中单体模型的可视化标注,系统在数据库管理和界面交互两个层次进行了有针对性的设计。构建单体模型的文件组织视图,并以文件的方式保存模型实体。基于数据库实现分类模型的路径访问,并在数据库表中保存不同实体的分类信息。

数据库中的单体模型表采用单表设计,即每个模型实体除了路径信息外,还继承了层次的分类信息。如对于某类船只模型,数据库表中集成了该模型的二级编码:可移动类模型→货轮。当系统调用某个模型时,可以通过二层分类定位到某个模型,并执行后续的标注操作。当需要增加新的模型文件时,首先按照分类将模型 glTF 文件置于对应的文件分类目录下,然后基于分类信息构造模型的索引记录插入到模型索引表中,完成新的模型文件的添加。

界面交互基于标注模式可以按照层次访问各单体模型实体。系统通过构建于顶层视图上的单体模型层次分类依次定位每个模型对象,获得数据库中单体模型实体的文件路径,然后加载单体模型。模型加载以场景为中心,按照当前视图参数(如 Camera 位置、方位等加载模型,单体模型的默认显示比例为 1)进行。

3. 单体模型数据空间对准

为综合支持不同类型可视化要素,含静态对象模型、移动对象模型、场对象模型,系统采用 JSON 方式描述时空一体化模型。其中,时间采用 Date 对象时间描述格式,形如 "2018-07-19T15:18:00Z";空间采用 WGS84 坐标系下的三维坐标值,形如 "78.01,37,1000",分别指代 x, y, z 三个维度的经度、纬度和高程。通过该时空位置与模型信息(模型文件路径和模型缩放尺度),可以综合支撑三类模型信息。

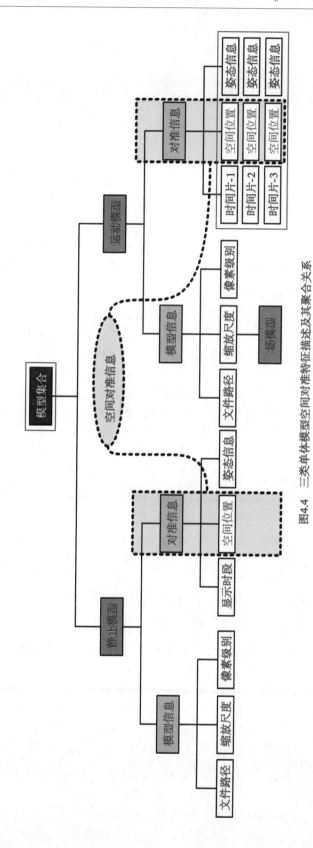

图4.4 三类单体模型空间对准特征描述及其聚合关系

如图 4.4 所示，任意场景包含若干模型构成的"模型集合"，其中每个模型在场景中可以属于静止模型、运动模型或场模型；模型空间对准的核心属性字段在于"空间位置"，该位置在不同类型的模型中含义有所不同。

对于静止模型，系统通过文件路径访问单体模型文件，执行模型加载。与此同时，通过 Cesium 将加载后的模型置于空间位置指定的坐标上，与三维大场景数据一体化渲染。该渲染过程为静态方式，即在没有任意视图变换时，模型数据维持加载时的渲染状态。

对于运动模型，系统采用逐点定位插值的方式呈现。首先按照统一时间标准定位每个时刻的对象空间位置，然后根据连续的两点之间的空间位置均匀插值计算每帧模型的具体空间位置。通过设置模型在每帧空间点上的切线方向来确定模型的方向参数，从而实现模型的动态绘制。

对于场模型，系统的设计思路较为复杂，总体思路是通过预设的场模型中心点和场模型的空间范围计算场模型在每帧上的统一空间范围（简称渲染范围），然后基于场数据点的标量（对于烟雾和火焰等直接给出颜色的场信息，标量为对应空间点上的颜色值）计算场信息在一定空间分割下的每个 Cell 上的颜色值；在此基础上对 Cell 进行栅格化，形成各帧上每层栅格图像，经过拉伸后得到渲染范围内每层的可视化栅格图像，实现可视化。伴随着时间的推进，该逐层栅格生成和拉伸过程不断重复，形成动态变化的场数据可视化成果。

由于预处理阶段可以完成栅格的生成和拉伸，因此上述基于场数据的渲染预处理过程能够有效减少栅格数量，使得渲染过程主要针对数量较少的可视化栅格图像，从而提高系统的渲染效率。

§4.3　情景推演数据一体化展示

情景推演的数据展示主要分为两个部分，一是基于矢量图层的大场景展示，例如风暴潮的台风移动路径展示，不同时刻的增水和淹没范围图层的展示，以及承灾体的分布和受损状况等，按照灾害演化的时间顺序展现不同的情景。二是针对具体情景的三维重建和动态模拟。

基于统一空间坐标系下的栅格和瓦片数据的分层调度，系统可以实现对大场景地理数据和现场重建模型数据的一体化展示。通过分层编码方式，系统为每组模型保存一个顶层目录，并将不同层次的瓦片数据放置于字符目录中，以支持模型数据的按层按范围访问。

4.3.1　大场景中的图层管理模块设计与调用

图层管理模块的设计包括图层选择和图层管理，图层选择主要包括：

（1）影像图层：在线展示模式下，系统提供国外 BingMaps 地图服务图层、OpenStreetMap 地图服务图层以及国内的"天地图"地图服务图层、"谷歌中国"地图服务图层。离线模式下，系统提供"谷歌中国"地图 16 级全国影像和重点城市 18 级以上影像。

（2）地形图层：采用高精度地形数据服务提供 30m 分辨率的中国全境的地形 Terrain

地形服务。主要用于地表可视化，以瓦片形式发布，地形级别最大为 15 级。

（3）矢量图层：采用覆盖全国的 1：50000 比例尺的矢量数据。通过栅格化矢量数据，系统可以将矢量覆盖于影像和地形图层之上，实现对典型海洋灾害情景的直观表述，如溢油的扩散，风暴潮的增水等。

（4）三维重建模型图层：获取本地的三维实景数据服务。

在系统浏览器端界面上，可以提供图层选择列表，列表中包含提供的图层选项。在客户交互界面上提供图层管理列表，管理列表中是当前虚拟地球中叠加的图层项目，可以对列表中的图层项目进行移除操作，也可以采用精简方式由用户配置好展示图层选项，系统启动时采用默认的方式加载对应的图层数据。

图层管理模块的操作流程如图 4.5 所示，用户通过三维客户端界面上的图层选择列表对图层进行添加操作，其中每个场景至少要叠加一个图层的影像数据。用户添加的图层会在图层管理列表中进行显示，用户可以对列表中的图层执行移除操作，移除后系统会刷新场景，重新渲染当前的场景要素。

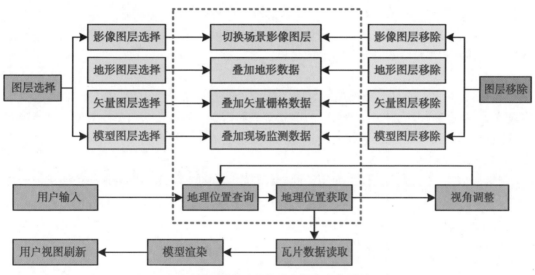

图 4.5　图层管理模块功能构成与调用状态转换示意图

4.3.2　小场景的三维可视化渲染技术

在进行情景推演的过程中，我们除了要把控整个事件的推演流程和演化方向外，在一些关键的情景节点处，我们还需要突出展示该情景的细节，例如当风暴潮来袭时，近岸的港口码头的受损状况，以及不同类型的船只在风浪中的行进状况等。这就需要基于 glTF 中对场景元素的定义，以及场景渲染模块的设计。

1. 场景文件加载

根据 glTF 中对场景元素信息的定义，构建相应的类存储每个元素的内容。

Scene 类是描述整个三维场景的类，它存储了三维模型文件的所有数据，包括节点、纹理、动画、材质等信息。为了减少对内存的占用，类中的所有元素都是通过键值对索引指向真正存储数据的对象。每个类中对场景的描述数据都不是直接存储在该类中的，类之间通过索引相互关联在一起，所有的数据都是被存储在 Buffer 类中，该类使用无符号字符数组来存储二进制数据。

Accessor 类、Buffer View 类存储的是对 Buffer 类中数据的解析信息，如该数据的类型、长度、偏移量等。在 Buffer View 类中含有"buffer"成员变量，它被定义为一个字符串，该字符串内容为需要引用的 Buffer 类对象名字，由于在 Scene 类中所有的元素都通过键值对存储，因此将该字符串作为查找关键字便可以找到 Buffer View 类对象引用的 Buffer 对象。同样的在 Accessor 类中存储了要引用的 Buffer View 类对象名称。根据在 Accessor 类和 Buffer View 类中定义的解析信息，便可以将 Buffer 中的二进制数据解析为相应类型的数据。

Mesh 类存储的是渲染物体的具体信息，在每个 Mesh 类中含有多个 Primitive 类对象，Primitive 类中定义了组成该图元的渲染模式，如面、点，图元的顶点信息，如顶点坐标、法向量、纹理坐标、图元的材质，以及图元使用的顶点索引。通过这些 Primitive 类对象中的信息对模型进行渲染。当然，这些数据并不是直接存储在该类中的，实际上，所有上述的信息存储的都是 Accessor 类对象的名称，然后通过对 Accessor 类对象的解析得到具体的模型数据。

Material 类表示的是渲染模型的材质信息，它被 Primitive 类引用。在 Material 类中主要定义了该模型的漫反射、镜面反射、亮度等光照信息，所有这些信息的数值被直接定义在该类中，但是这些信息的具体解释信息如漫反射的语义、数据类型，则通过该类中引用的 Technique 对象定义。

Shader 类定义了渲染该模型使用到的着色器程序，这些程序代码通常都存储在外部文件中，因此，Shader 类通常提供了这些程序代码的外部文件路径及着色器类型，着色器主要有顶点着色器和片段着色器两种。

2. 场景渲染模块设计

在得到所有文件数据之后，便能够实现对场景的渲染，渲染的实现主要是通过调用 OSG 封装的 Open GL 接口来实现，具体到设计实现上面，在场景渲染模块主要实现以下几种功能：对二进制数据的解析、着色器代码的加载、还原描述的场景图。

在各个描述场景的元素中，数据的解析都是通过 accessor 来实现的，在 accessor 中定义有解析其元素的详细信息，如图 4.6 所示。其具体的解析过程为：在元素中定义指向描述此元素数据的 accessor 元素，在 accessor 元素中定义了指向 buffer 的 buffer View 元素，buffer 中则存储了具体的二进制数据，buffer View 描述了元素数据在 buffer 中的偏移量、步长等信息。在 buffer 中存储了所有的模型资源数据，通过 buffer View 获取元素数据的数据段，并通过 accessor 解析该数据段数据。

在渲染场景之前，还有一个重要的步骤便是加载着色器代码，着色器主要有顶点着色器和片段着色器，它的主要作用是处理与顶点及画面的相关信息。着色器代码通常都是以

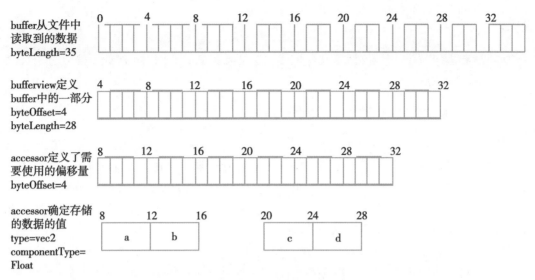

图 4.6　元素数据解析过程

单独的文件存储在外部，OSG 中常用的着色器代码语言为 GLSL。

　　在着色器加载完成之后，需要完成场景的渲染。在具体的实现中，数据的解析是在渲染过程中实现的，并不是在将所有的数据解析完成之后才开始进行渲染的。OSG 填充场景中每个模型的顶点、法向量等数据生成具体的模型，然后通过 glTF 描述的场景生成场景图，最后将场景图转换得到状态图实现整个场景的渲染。

　　场景的渲染首先需要在 glTF 文件中找到 scene 元素，即描述整个场景结构的元素，该元素所描述的信息便是整个场景的根节点，场景是由树形结构组成的，在得到场景的根节点之后，便可以向下遍历该树，从而得到其所有的子节点，直至场景中的所有节点都被处理完毕，便完成了对整个场景的渲染。

3. 动画实现

　　动画效果是在场景中所有模型节点都构建之后创建的，在关键帧动画中主要包含位移、缩放、旋转三种动画类型，动画效果通过设置场景节点的矩阵来实现，在动画的创建过程中，首先使用动画管理器将动画关联到整个场景的根节点中，然后对每一个含有动画效果的模型创建动画对象，判断该动画使用的动画通道中定义的采集器算法，创建完动画对象，并通过数据解析模块得到动画数据，填充到关键帧之后，则将动画通道添加到动画对象中。

　　在 glTF 文件中，动画数据是分开存储的，即关键帧动画的时间与该动画在该时间点的动画状态并不是使用键值对存储在一起的，它使用两个数组分别存放。这样做的优点是关键帧动画在某一时刻具有多种动画效果而不用多次存储动画时间。通过采集器将动画时间与动画状态连接起来，并根据在采集器中定义的插值算法对动画数据进行填充，动画效果看起来会更加逼真。

§4.4　基于情景树的动态交互推演可视化

以情景树为核心的情景推演可视化主要包括情景树的动态构建可视化、交互分析可视化与存储管理可视化。

4.4.1　情景树的动态构建可视化

情景推演可用于应急和演练，应急时可接入真实监测数据，自动生成初始情景，演练时可从情景库匹配或人为假设一个初始情景，初始情景即作为情景树的根节点。在推演的过程中，用户可选择通过模型算法自动生成下一级情景，也可以人为地改变情景要素属性来构建假设情景，在情景构建的过程中情景树不断生成新的叶子节点，情景树结构动态改变，直观地记录并展现了情景推演的全过程。

情景树的可视化方法基于 Echarts 库中的树图，在每一次交互之后对树图的数据进行更新，以达到动态更新情景树的效果。如图 4.7 所示，情景树的节点有不同的形状区别，对应关键驱动力要素的类型，节点上标注了简单的节点信息，记录了时间、情景名称等关键信息。

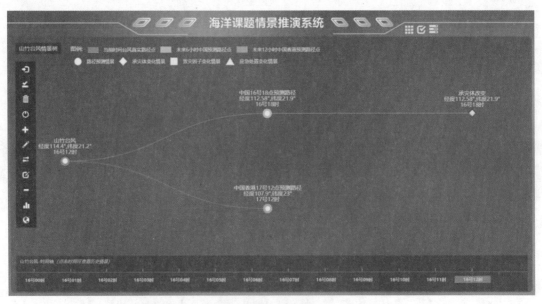

图 4.7　情景树可视化效果

4.4.2　情景树的交互分析可视化

情景树的每一个节点可进行多项交互操作，包括新增节点、编辑节点、查看节点详情、预测节点、删除节点、次生衍生事件分析、场景可视化等功能。

情景树节点包括情景六要素（承灾体、致灾因子、孕灾环境、应急组织、应急物资和处置行动）的详细信息，用户可编辑节点信息更新情景分析结果，也可以改变关键驱动力要素，人为地构建下一级节点。

针对每一情景节点可进行次生衍生事件分析。以承灾体为核心，确定一级次生事件，以事件链为先验知识，预测二级、三级衍生事件，并借助 Echarts 库动态构建次生衍生事件树，如图 4.8 所示。事件树可模拟事件链的可能演化过程，定量地分析事件链的风险大小，点击具体的次生衍生事件还可进行更详细的风险评估。

情景树的每一个节点均可进行场景可视化，通过双屏的信息同步技术将推演节点的信息传入场景可视化界面，对情景节点进行地图场景的可视化，实现各节点情景分析结果的展示。次生衍生事件树节点也可链接到场景可视化界面，对具体受损的承灾体进行更精细的三维可视化效果展示。

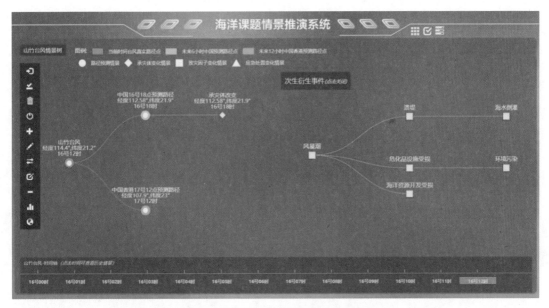

图 4.8 次生衍生事件树可视化效果

4.4.3 情景树的存储管理可视化

每一次推演过程对应一棵情景树，推演完毕后可对情景树进行保存。应急时由于监测数据的不断接入和更新，会进行多次情景推演，将每一次推演生成的情景树作为存储对象，以监测数据的时间为索引对情景树的根节点进行存储。推演完毕后回溯所有存储的情景树，可根据每一棵情景树根节点的信息还原灾害过程。

推演界面设置了真实的时间轴，每一个时间轴上的节点代表了通过这个时刻的监测数据进行的情景推演。用户可选择当前时间节点的情景树继续推演，也可以调出历史时间节点的情景树查看。通过时间轴和情景树的结合能实现对推演结果更好的存储和管理。

§4.5　本章小结

　　本章主要介绍了目前三维情景可视化相关技术，首先详细分析了目前主流的三维建模和可视化平台 Cesium；在此基础上分析了海洋环境相关数据的可视化方法、数据分级显示方法和基于 glTF 的三维数据模型管理；然后针对海洋典型灾害情景推演，介绍了情景推演大场景、小场景数据的一体化展示方法；最后详细分析了基于情景树的动态交互式推演可视化方法，并给出了相关可视化案例。

第 5 章　情景推演软件系统

§5.1　系统概述

5.1.1　建设内容

建设一个海洋应急情景推演子系统，在该系统中，情景推演是建设的核心内容。情景推演是指应急事件发生时，在内部因素、外部环境因素等驱动力因素的干涉下，不断进行能量、信息的更新，从一个状态向另一个状态变化的过程。情景推演过程按照先后顺序可以分为三个阶段：初始情景、演化情景、分析情景，这三个阶段的情景一起构成了情景推演过程。系统在进行情景推演模拟的过程中，需要构建初始情景，根据关键驱动因素构建分支情景。关键驱动因素包含风险评估、应急策略、社会舆情等。系统会对情景推演过程中涉及的情景要素、情景树、模型库（优化类模型、模拟类模型、预测类模型、评价类模型）、规则库（变量库、常量库、参数库、动作库）等进行管理，并记录情景推演的过程，为情景树回放及编辑情景节点做支持。同时，系统会对情景推演过程中涉及的各种空间数据进行组织与管理。

5.1.2　概念模型

1. 情景与情景要素

情景是情景推演领域里的概念，信息量相对较少，是某一特定的时间和特定空间中的具体情形描述。情景描述的是事物未来发展的所有可能态势。

情景的构成要素包括：承灾体、致灾因子（情景事件）、孕灾环境、应急组织、应急资源、处置行动等六部分。情景要素间的逻辑关系如图 5.1 所示。

2. 情景推演

情景推演是指事件发生时，在内部因素、外部环境因素等关键驱动力因素的共同作用下，不断进行能量、信息的更新，从一个状态向另一个状态变化的过程。情景节点间数据输入输出关系如图 5.2 所示。

3. 模型库

模型库是一系列模型的集合，本系统中模型库分为：优化模型、模拟模型、预测模

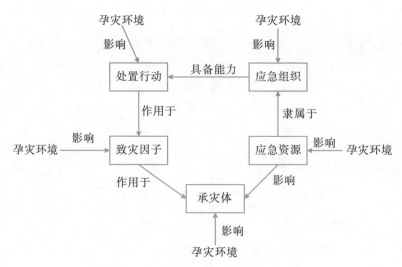

图 5.1 情景要素间的逻辑关系图

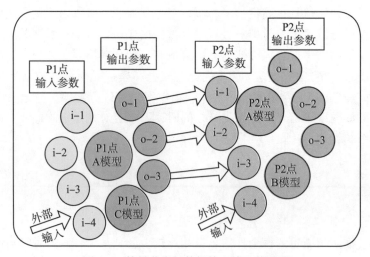

图 5.2 情景节点间数据输入输出关系图

型、评价模型四类。优化模型：针对应对措施与方案，通过全局分析在多个局部最优解中找到全局最优解的统计学、运筹学算法模型。模拟模型：针对具体模拟情景事件而建立的数学模型与方程式，一般是对情景事件从发生、发展、消亡完整过程的模拟。例如海底溢油模型、风暴潮模型等。预测模型：预测模型是指用于预测的，用数学语言或公式所描述的事物间的数量关系。它在一定程度上揭示了事物间的内在规律性，预测时把它作为计算预测值的直接依据。常见的预测模型有趋势外推预测方法、回归预测方法、卡尔曼滤波预测模型、组合预测模型、BP 神经网络预测模型。评价模型：单纯地回答谁好谁坏是没有意义的，我们需要结合实际场景给出合适的回答。因此，评价模型就是综合运用相关知识，通过数据关系模型的方式对评价对象进行综合评价的模型。综合评价模型一般包括评价指标和权重系数。其中，评价指标又包括独立性、全面性、量子性、可测性。

4. 规则库

规则库存放应急处置时的规则，这些规则有数值型和文本型，用产生式规则来表示。产生式规则以 IF THEN 组织规则，用 xml 文件存储。为支持规则库还另外需要变量库、常量库、参数库和动作库，均以 xml 文件存储。变量库示例截图如图 5.3 所示。

.**变量库**

以油膜属性为例,保存为文件 variable.pl.xml :

```
<?xml version="1.0" encoding="UTF-8"?>

<variable-library>

  <category name="油膜" type="oilSlick" clazz="com.bstek.entity.Customer">

    <var name="length" label="长度" type="Double"/>

    <var name="width" label="宽度" type="Date"/>

    <var name="area" label="面积" type=" Double "/>

    <var name=" thickness" label="厚度" type=" String"/>

    <var name=" thickness" label="颜色" type=" String"/>

    <var name="time" label="时间" type=" Date "/>

  </category>
```

图 5.3　变量库示例截图

5. 产生式规则

产生式规则可以描述事实之间的因果关系，并且便于进行推理，产生式规则使用 IF THEN 的表示方式，IF 部分为规则的条件部分，THEN 表示规则的结论。产生式规则是近似于自然与描述的一种表示方法，规则的匹配就是通过某种方法得到规则的结论。产生式规则可以满足一般的专家系统的知识表示，并且使用起来很简单。许多成功的专家系统都是用它来表示知识的。

设 $R = \{R_1, R_2, \cdots, R_n\}$ 为一个模糊产生式规则集，对于其中每个规则 R_i 的定义为：IF d_j THEN d_k（CF=μ_i），其中 d_j 为条件命题，d_k 为结论命题，它们的真值介于 0 和 1 之间；μ_i 为规则的确定因子（CF：Certainty Factor），也就是规则的可信度，$\mu_i \in [0, 1]$。常用的模糊产生式规则有以下四种类型：

类型 1：R_i：IF d_i THEN d_k（CF=μ_i）；

类型 2：R_i：IF d_i OR d_j THEN d_k （CF $= \mu_i$）；

类型 3：R_i：IF d_i AND d_j THEN d_k （CF $= \mu_i$）；

类型 4：R_i：IF d_i THEN d_k AND d_j （CF $= \mu_i$）；

5.1.3　设计原则

为了确保推演系统的成功建设与可持续发展，在系统的建设与技术方案设计时我们遵循以下原则：

（1）统一设计原则：统筹规划和统一设计系统结构。尤其是应用系统建设结构、数据模型结构、数据存储结构以及系统扩展规划等内容，均需从全局出发、从长远的角度考虑。

（2）先进性原则：系统构成必须采用成熟、具有国内先进水平、符合国际发展趋势的技术。在设计过程中充分依照国际上的规则、标准，借鉴国内外目前成熟的主流技术，以保证系统具有较长的生命期和较强的扩展能力。

（3）高可靠性、高安全性原则：系统设计和数据架构设计中充分考虑系统的安全性和可靠性。同时系统本身也要能够及时修复、处理各种安全漏洞，以提升安全性。

（4）标准化原则：系统各项技术遵循国际标准、国家标准、行业和相关规范。

（5）成熟性原则：系统采用国际主流、成熟的体系架构来构建，实现跨平台的应用。

（6）效率性原则：保证系统运行的效率，减少程序运行的时间和节省硬件资源的消耗。

（7）适用性原则：保护已有资源，急用先行，在满足应用需求的前提下，尽量降低建设成本。

（8）可扩展性原则：系统设计要考虑到业务未来发展的需求，尽可能设计得简明，降低各功能模块的耦合度，并充分考虑兼容性。系统能够支持多种格式数据的存储。

§5.2　系统需求分析与设计

5.2.1　系统需求分析

本系统旨在实现风暴潮灾害、浒苔灾害、海上溢油灾害三种不同类型灾种的情景构建、情景推演分析及可视化功能。情景推演软件系统的整体流程可分为情景库构建、案例管理、情景构建、情景演化模拟、情景推演分析和情景可视化六大模块，下面逐一进行介绍：

1. 情景库构建模块

情景库构建模块须满足用户对风暴潮灾害、浒苔灾害、海上溢油灾害三个灾种历史发生情景的浏览、检索与可视化。要求实现针对不同灾种显示与之对应的属性信息，并在地图上展示不同灾种的单个或多个情景的空间信息。风暴潮灾害情景须展示增减水信息，浒苔灾害情景须展示浒苔分布范围与覆盖范围，海上溢油灾害须展示分布范围与覆盖范围。

2. 案例管理模块

案例管理模块须满足用户对不同类型灾种（风暴潮灾害、浒苔灾害、海上溢油灾害）的案例的创建、修改、删除、保存需求，方便用户根据关键词快速检索目标案例，由案例进入情景推演。

3. 情景构建模块

情景构建模块须满足用户对风暴潮灾害所有可能发生的情景进行构建。根据不同的应用场景，需满足灾中实时情景的监测构建、历史情景的构建以及假设情景的自定义构建。构建的情景需在地图上显示其空间位置。

4. 情景演化模拟模块

情景演化模拟模块需基于情景构建生成的情景满足用户对情景的模拟需求，风暴潮需满足针对选中的情景模拟未来预报信息；浒苔灾害和海上溢油灾害需满足针对选中的情景匹配历史情景数据并得到匹配度最高的前三个情景，同时可推演情景的未来发展情景。

5. 情景推演分析模块

基于地图上显示的情景，系统须对用户选中情景进行匹配分析或事件链综合分析。针对台风风暴潮情景需提供情景匹配分析，从情景库中选择匹配度最高的三个风暴潮灾害情景；对所有灾种情景需进行事件链综合风险分析，得到次生衍生事件风险结果；对整个情景推演过程需进行最大危害情景评估，生成包含情景信息、情景分析结果、最大危害情景的评估结果等信息的情景报告。

6. 情景可视化模块

系统需对情景要素和情景分析结果进行可视化展示，包括对风暴潮灾害情景的台风路径、预报路径、增减水等信息进行展示；展示浒苔灾害、海上溢油灾害的属性信息、分布范围、覆盖面积等；对事件链综合风险分析结果进行可视化展示，包含受损承灾体和已发生事件链。所有的可视化结果遵循"一张图"的原则。

5.2.2 数据需求分析

1. 数据分类

数据包括推演业务数据和基础地理数据。

1）推演业务数据

推演业务数据包括业务字典表信息、模型库、规则库、承灾体、应急资源信息、应急组织、应急预案、致灾因子、孕灾环境信息（气温、水温、盐度、pH、风场、流场……）等。

模型库：包括推演相关的预测模型、模拟模型、评价模型、优化模型及其 xml 文件。

规则库：规则有数值型和文本型两种，用产生式规则来表示。除了规则库还包括常量库、参数库、变量库、动作库以及对应的 xml 文件。

承灾体：包括油轮、钻井平台、居民区、工业区、办公区、重点保护区域、重点保护单位、危化品存放区、港口码头、滨海航线、滨海旅游区、海边浴场、海洋牧场、水源保护区等属性信息。

应急资源信息：包括物资资源（防护救助、交通运输、食品供应、生活用品、医疗卫生、动力照明、通信广播、工具设备以及工程材料等），人力资源（专职应急管理人员、应急专家、应急队伍、社会组织、志愿者队伍、国际组织以及军队与武警等），资金资源（政府专项资金、捐献资金、商业保险基金），设施资源（避难设施、交通设施、医疗设施、专用工程机械等），技术资源（应急专项研究、技术开发、应用建设、技术维护等）。

应急组织信息：政府应急机构、安全监察、海运交通、公安交管、医疗救援队、消防、海岸救援队、专业救援队等。

2）基础地理数据

矢量数据：包括渤海区域行政区划图、道路网络、地下管线、居民区、工业区、办公区、重点保护区域、重点保护单位、危化品存放区、港口码头、滨海航线、滨海旅游区、海边浴场、海洋牧场、水源保护区、海岸线、堤防、海岛等。

栅格数据：包括全球影像、渤海区域 DOM 高清影像、局部超高清影像数据。

2. 数据规格

数据规格主要描述数据的格式、数据精度、空间参考等，详见表 5.1。

表 5.1　　　　　　　　　　　　　　　数据规格表

数据分类	数据名称	数据格式	数据精度	空间参考
推演业务数据	应急资源信息、应急组织信息、应急预案信息	数据库	无要求	无
	应急环境信息（风场、流场）	数据库/数据文件	行业规范	EPSG4326
	模型库	xml	无要求	无
	规则库	xml	无要求	无
基础地理数据	渤海区域行政区划图	shp	≤1∶2000	EPSG4326
	道路网络、地下管线、滨海航线	shp	≤1∶1000	EPSG4326
	居民区、工业区、办公区、重点保护区域、重点保护单位、危化品存放区、港口码头、滨海旅游区、海边浴场、海洋牧场、水源保护区	shp	≤1∶1000	EPSG4326
	海岸线、堤防、海岛	shp	≤1∶1000	EPSG4326

续表

数据分类	数据名称	数据格式	数据精度	空间参考
基础地理数据	全球影像	tif/image	无限制	EPSG4326
	渤海区域 DOM 高清影像	tif/image	≤1.0m 分辨率	EPSG4326
	局部超高清影像数据	tif/image	≥0.5m 分辨率	EPSG4326
	渤海区域 DEM 地形数据	tif/image	≤1.0m 分辨率	EPSG4326
	局部高精度地形数据	tif/image	≥0.5m 分辨率	EPSG4326
	局部倾斜摄影数据	osg/倾斜摄影切片	航拍分辨率≥0.01m	EPSG4326

5.2.3　情景库设计

以零散的形式将情景存储在数据库中，不利于使用者理解情景之间的关联关系，因而需要对其进行有效的组织管理。将一次推演的过程以如图 5.4 情景树的形式组织，树的分支代表驱动情景演化的关键因素。

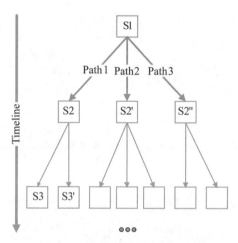

图 5.4　上下级情景的推演过程

在构建情景库的时候，将其分为基础情景库、灾害、模型库和规则库四个部分进行管理，如图 5.5 所示。基础情景库中存储情景发生时的环境要素，如海洋属性、陆地属性等基础地理信息，并存储部分资源文件的索引路径，例如可视化模型文件的索引等内容；灾害部分按单一灾害类别可分为风暴潮灾害、海上溢油灾害和浒苔灾害三类灾害，每一类灾害下的情景要素还能根据其在情景中的角色继续细分为致灾因子、承灾体和抗灾体三种；模型库部分用以存储情景分析（Scenario Analysis）所需的数学物理模型，规则库存储应急响应规则等经验模型。

图 5.6 进一步展示了情景库组成部分之间的关联关系。图 5.7 展示了风暴潮灾害、海上溢油灾害和浒苔灾害三类灾害的情景库的一些典型要素。

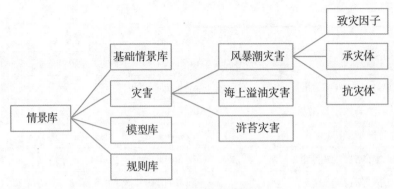

图 5.5　情景库组成

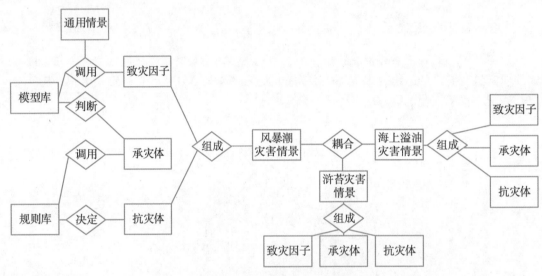

图 5.6　情景库内容 E-R 图

　　情景构建包括案例管理、初始情景构建、情景节点管理、情景树管理等内容，是情景推演的基础，如图 5.8 所示。工作人员可提前进行情景模板的创建，并根据不同的推演目的，选择合适的方式构建初始情景。在正确构建情景的基础上对所构建的情景进行分析、可视化，并根据推演结果指定应对方案，能够提高情景推演的有效性。情景库表见表 5.2，情景实例库 JSON 如图 5.9 所示。

表 5.2　　　　　　　　　　　　　　　情景库表

属性名称	取值类型	备　　注
情景节点编号	字符型	存储当前实例 ID
父节点编号	字符型	存储父节点实例 ID
子节点编号集	JSON	存储子节点实例 ID，可对应多个子节点
情景要素集	JSON	存储描述当前情景实例的情景要素 ID、对应的受损状态编码、时间信息

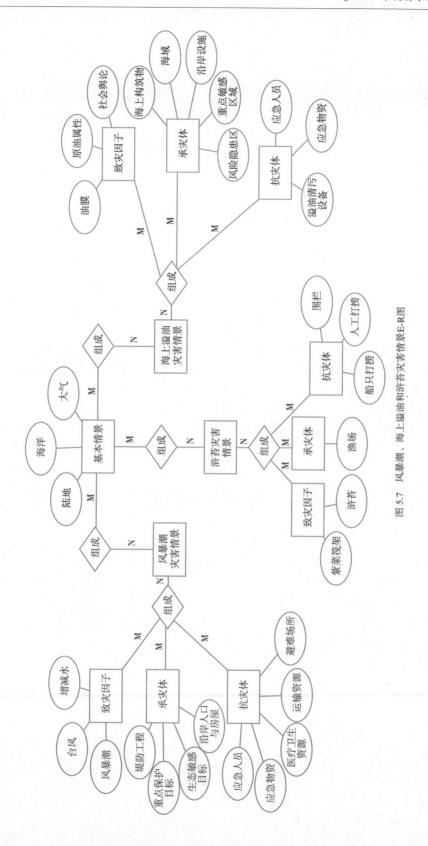

图 5.7 风暴潮、海上溢油和浒苔灾害情景E-R图

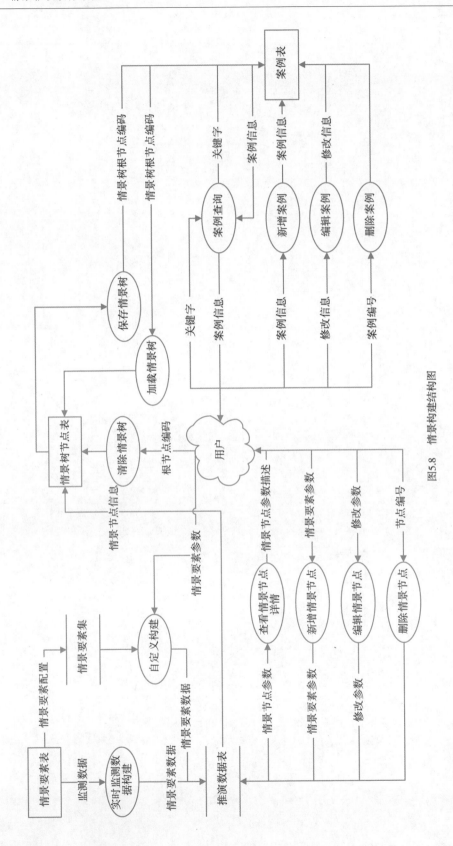

图5.8　情景构建结构图

情景实例库JSON:
{
      情景节点编号:
      父节点编号:
      子节点编号集: {
           情景节点编号ID
           …
      }
      情景要素编号: {
           致灾因子: {
               {致灾因子ID, 属性, 时间}
               …
           }
           承灾体: {
               {承灾体ID, 属性, 时间, 受损状态编码, 受损面积）
               …
           }
           抗灾体: {
               {抗灾体ID, 属性, 时间, 当前坐标{经度, 纬度}}
               …
           }
      }
}

图 5.9　情景实例库 JSON

5.2.4　系统功能设计

根据上一节的需求分析，本节对情景推演软件系统的功能模块进行了详细的设计，将系统分为情景库构建、案例管理、情景构建、情景演化模拟、情景分析和情景可视化六部分，如图 5.10 所示。下面逐一介绍具体功能:

（1）风暴潮情景库构建：以列表的形式展示风暴潮灾害情景库中的所有情景信息，包括情景名称、登陆时间、登陆方向、登陆海岸段、登陆气压、登陆风速、登陆强度等信息，可根据"登陆方向""登陆海岸段""登陆强度"等关键字来检索目标情景。地图上可展示一个或多个情景及其对应的增减水信息。

（2）浒苔情景库构建：以列表的形式展示浒苔灾害情景库中的所有情景信息，包括情景发生的时间、中心点经纬度、覆盖面积、分布面积、漂移方向与速度、所处阶段等信息，可根据"时间""中心点""覆盖面积""所处阶段"等关键字来检索目标情景。地图上可展示一个或多个情景及其对应的分布范围与覆盖区域。

（3）溢油情景库构建：以列表的形式展示海上溢油灾害情景库中的所有情景信息，包括情景发生的时间、溢油点经纬度、所在格网、溢油量、气压、风速、风向等信息，可根据"时间""溢油点""溢油量""所在格网"等关键字来检索目标情景。地图上可展示一个或多个情景及其对应的分布范围。

（4）案例管理：可对案例进行新增、删除、保存和进入到推演界面等操作。

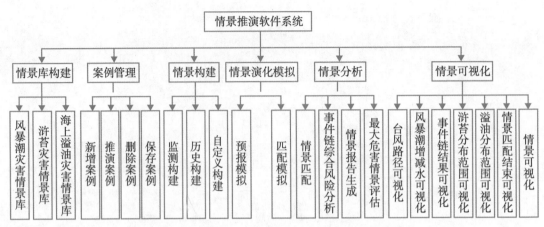

图 5.10　海洋应急情景推演原型系统功能模块

（5）监测构建：根据灾害监测库中的实时数据构建初始情景。

（6）历史构建：通过查询情景库中满足要求的历史情景构建初始情景。

（7）自定义构建：手动输入设定相关情景要素属性完成初始情景构建。

（8）预报模拟：针对风暴潮某一台风点信息，快速生成台风未来发展路径，完成预报模拟。

（9）匹配模拟：针对实时监测构建的浒苔灾害或海上溢油灾害情景，匹配对应灾种情景库中相似度最高的三个情景，以匹配得到的历史情景来模拟当前情景的发展态势。

（10）情景匹配：针对台风风暴潮预报模拟生成的预报路径，匹配分析风暴潮灾害情景库中与之发展态势相似度最高的三个情景，用匹配得到的情景增减水信息模拟预报路径的可能增减水情况。每个风暴潮灾害情景是由台风登陆前 24 小时、登陆前 18 小时、登陆前 12 小时、登陆前 6 小时、登陆时刻、登陆后 6 小时共 6 个时刻台风点信息组成。

（11）事件链综合风险分析：针对不同灾种当前的单一情景进行分析，通过模型计算可得到不同灾种情景的各次生衍生事件风险。

（12）情景报告生成：统计情景推演过程中每个情景节点的情景要素属性、情景模拟与分析结果，生成情景报告。

（13）最大危害情景评估：统计情景推演过程中每个情景节点的情景要素属性、情景模拟与分析结果，评估每个情景的危害分值，得出最大危害情景。

（14）台风路径可视化：点击"台风路径"，加载台风路径数据，标注出当前情景节点。鼠标移至每个路径点须显示该路径点的详细台风属性数据。

（15）风暴潮增减水可视化：以不同颜色区分增水高度，并配以图例说明。

（16）事件链结果可视化：在事件链综合风险分析计算后，根据分析结果将事件链动态可视化，展示事件链的网状结构，并显示每个次生衍生事件的发生情况及发生范围内涉及的承灾体受损情况。

（17）浒苔分布范围可视化：以不同颜色矢量图区分不同阶段的浒苔情景。

（18）海上溢油分布范围可视化：以不同颜色区分不同所处格网的溢油情景。

（19）情景匹配结果可视化：在地图上展示匹配得到的不同灾种情景，其中风暴潮展示匹配情景链，浒苔灾害则展示匹配情景位置及分布范围、覆盖范围，以及未来发展态势。

（20）情景可视化：主要展示情景的要素信息，包括基本属性信息和空间位置信息。

§5.3　系统总体架构设计

5.3.1　系统构成

系统主要由前端、业务服务、数据存储和统一服务管理平台构成，如图 5.11 所示。

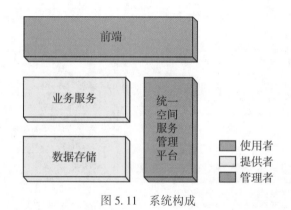

图 5.11　系统构成

（1）前端：提供推演案例管理、情景推演过程管理、情景分析结果可视化功能。

（2）业务服务：为了满足情景推演业务需要，除了提供管理类如新增、删除、查询、保存等基础服务，还提供基于空间数据和相关模型算法实现的事件链综合风险分析、最大危害情景匹配、情景后续发展匹配等分析服务。

（3）数据存储：以关系型数据库 PostgreSQL 为主要数据库，存储情景推演业务相关的情景信息、台风信息等业务数据。

（4）统一空间服务管理平台：由辰安科技公司 GIS 团队开发，对矢量数据、栅格数据、模型数据等空间数据提供关系型空间数据库、文档数据库、空间数据文件系统等不同类型的存储设施，提供对空间数据的接入、存储、管理、转换、切片等能力，通过服务图层配置的方式建立分析服务管理发布体系。

从系统各部分之间关系的角度出发，数据存储为系统提供空间数据、业务数据的支撑；业务服务使用数据访问引擎访问空间数据、业务数据，提供一系列的基础服务和分析服务；统一服务管理平台基于数据存储提供的空间数据发布一系列的空间服务，并对空间数据和空间服务进行管理；前端基于业务服务和空间服务，实现数据接入、事件链分析、最大危害情景评估及结果可视化等功能。

从系统面向的不同用户角色出发，系统采用"管理者-提供者-使用者"的设计模式，其中数据存储和分析服务面向提供者，由提供者提供数据和服务；统一服务管理平台面向管理者，负责空间数据的管理和空间服务的发布；前端面向使用者，由使用者应用系统的业务功能。

5.3.2 系统功能架构

系统功能架构主要从系统提供功能的角度阐述系统框架，架构图如图 5.12 所示。

图 5.12 系统功能架构图

1) 前端

前端主要包含专题业务功能、地图功能。其中专题业务功能是以风暴潮、浒苔、溢油为专题对象设计的业务功能（情景库、案例管理、情景构建、情景演化模拟、情景推演分析）；地图功能主要是基于 TS-GIS SDK 提供的地图基本交互（放大、缩小、平移、全图、选中）、地图基础功能（图层管理、空间量测）、地图标绘与地图绘制等。

2) 服务

128

系统基于各种类型的空间数据和业务数据，使用空间数据访问引擎访问空间数据，使用实体访问引擎访问业务数据，为前端提供管理类、检索类、分析类服务，前端使用各类服务，完成专题业务应用。其中应急资源服务来源于外部系统接口。

3）数据存储

系统主要采用关系型数据库 PostgreSQL 对不同灾种的情景数据、空间数据、台风数据、文件索引等业务数据进行管理，为业务功能提供数据支撑。通过部署 TS-GIS 基础环境，采用 MongoDB 数据库存储管理切片数据，空间数据文件系统管理栅格数据和要素数据。

4）统一空间服务管理平台

系统借助由辰安科技 GIS 团队开发的统一空间服务管理平台实现对空间服务的组织与管理。通过空间任务对空间数据进行导入、迁移、转换、切片等处理，按照一定规则配置服务图层，为前端提供不同种类的空间服务。系统中用到的空间服务主要有地图服务、地图切片服务、动态地图服务、要素服务、网络分析服务、坐标转换服务、拓扑关系服务、拓扑计算服务。

5.3.3 技术体系

系统采用 B/S 三层架构风格设计，由表示层、服务层、数据层三层架构来描述整个系统，如图 5.13 所示。

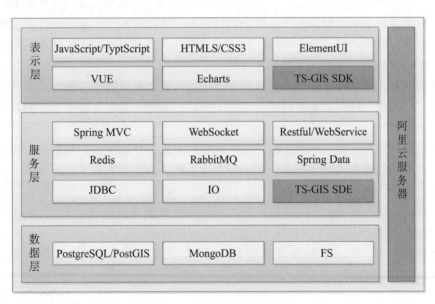

图 5.13 系统技术体系图

表示层以 Web 前端技术 HTML5、CSS3、JavaScript、TypeScript 为基础，以 VUE 作为前端开发框架进行开发，Element UI 作为组件开发框架，Echarts 提供图表库，基于 TS-GIS SDK 实现情景要素可视化、情景分析结果可视化、地图基本交互等功能。TS-GIS 是辰安科技研发的拥有完全自主知识产权的基础地理信息平台，它面向地理信息应用提供标准或扩展的基础地理信息服务，提供空间数据存储管理、数据处理、服务发布、二次应用开发等全流程、全体系的地理信息应用支撑功能，帮助用户快速打造安全稳定、灵活可靠、多端互通的 GIS 应用系统。

服务层采用 Spring Boot 为服务端开发框架，提供依赖注入等开发技术；Redis 用于空间数据类服务的数据缓存；Spring Data 用于目录服务中的实体数据持久化；TS-GIS SDE 用于解决空间数据持久化问题；RabbitMQ 用于分析服务和目录服务之间元数据的同步问题。

数据层采用 PostgreSQL/PostGIS 进行基础地理空间数据、地理专题数据、情景要素数据、业务数据等的存储；MongoDB 用于切片数据的存储，空间数据文件系统（FS）用于栅格数据的存储。

本研究选用了阿里云服务器（ESC）部署整套系统，首先搭建 TS-GIS 平台基础环境，集 TS-GIS 的存储服务器、空间应用服务器、空间目录服务器于一体，完成空间服务初始化。系统开发完毕后通过 JDK1.8 和 Tomcat9 部署服务端和客户端的代码，便于提供者、管理者和使用者在互联网环境中访问系统。

5.3.4　总体技术流程

总体技术流程主要描述数据人员、系统管理员、系统开发人员在数据生产与制作、数据接入、应用开发等环节的职责及使用的工具技术、输入和输出成果，如图 5.14 所示。

数据人员在数据生产制作环节，根据数据生产工艺流程规范，把从外部获取的测绘数据、航拍数据、模型数据、业务数据，经过相关软件和工具处理制作生产出满足系统要求的矢量数据、栅格数据和模型库规则库文件。

系统管理员在数据接入环节，把从数据人员处接收的矢量数据、栅格数据、模型库规则库文件，使用统一空间服务管理平台接入工作区，处理生成发布服务需要的各类专项数据及衍生数据。

系统管理员在服务发布环节，根据不同服务的要求，使用统一空间服务管理平台把不同种类的空间数据发布成空间服务。其中业务数据服务由开发人员单独发布成 WebService 服务。

系统开发人员在可视化应用开发环节，对于情景推演可视化技术采用 TS-GIS SDK 和 ECharts 技术，通过调用 TS-GIS SDK 封装的地图应用与系统管理员发布的服务，实现地图可视化及基本交互，通过 ECharts 完成图表功能。这几个环节有机地串联在一起，实现了情景推演系统的构建应用。

5.3.5　数据处理流程

主要从原始数据生产制作、数据分类、服务构成及服务与数据关系等角度来描述数据总流程，如图 5.15 所示。

在数据生产阶段，测绘数据使用 ArcMap 处理生成矢量数据；航拍遥感获取的数据使用 ArcMap 处理生成正射影像数据（DOM）、数字高程模型数据（DEM）种类的栅格

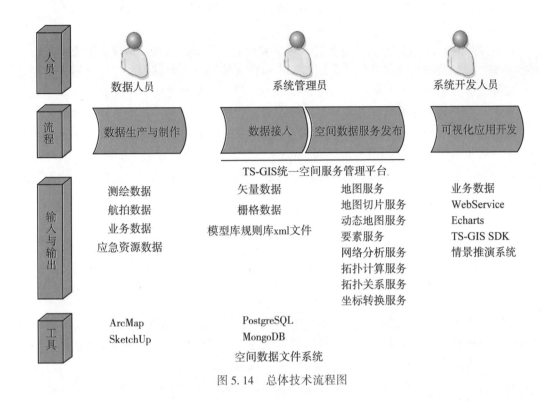

图 5.14　总体技术流程图

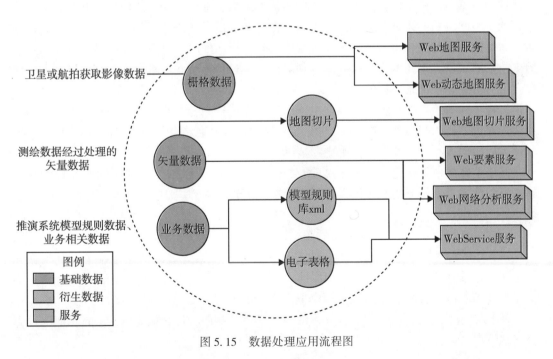

图 5.15　数据处理应用流程图

数据；通过以上各种数据制作，完成矢量数据、栅格数据、业务数据三类基础数据的生产制作。

在基础地理数据之上，根据功能应用的要求，基于矢量数据和栅格数据生成地图切片数据，基于矢量数据生成矢量切片数据，基于单体建筑物模型数据生成建筑物模型切片数据。部分业务相关数据处理成电子表格，部分业务相关数据整理成 xml 数据格式。

数据和服务是紧密关联的，数据是服务逻辑正常执行的基础，使用不同的数据发布成不同的服务，其中使用地图切片数据发布成 WMTS 服务，使用矢量数据发布成 WFS 服务。关于推演系统的模型与规则发布成 WebService 服务。通过数据和服务的结合，把存储在不同位置不同类型的业务数据、空间数据通过服务为系统提供数据类、可视化类的应用能力。

§5.4　关键技术

5.4.1　情景快速检索与匹配

海洋灾害事件以案例库的方式存储，案例的指标主要用于描述事件整体信息，如事故原因、事故地点、经济损失总值、总体救援力量等。在进行匹配时根据目标案例类型，分别去对应的历史案例库中筛选出数值相似度最高的案例。因为海洋灾害情景具有时变性，传统的案例库指标无法准确描述真实情景，所以，本研究以连续快照的时空数据模型来存储情景。根据当前情景包含的各个要素新建情景模板，并记录相应的信息。同时，情景快照实现了不同类型的案例统一存储。不同类型的案例虽然在整体上具有较大差异，但当被切分为情景片段时存在相似情景，在对这些情景进行匹配时可以跨案例类型，从而增加了历史情景的数量，提高了相似情景的可获取性。通过计算不同情景模板的相似度来匹配出最合适的情景。在情景模板的匹配中，通过构建"致灾因子-承灾体-抗灾体"三要素的本体模型将不同的情景模板统一。根据本体语义计算情景中各个要素之间的相似度，进而得到情景模板之间的相似度。同时可以得到情景模板之间的致灾因子相似度、承灾体相似度和抗灾体相似度，以实现颗粒度更小的情景匹配。

基于本体的情景构建方法在第 2 章已经介绍过，本节以第 2 章构建的本体模型为基础，以溢油灾害为例介绍基于语义相似度计算的情景匹配方法。

1. 本体语义相似度

该算法的原理是在本体层次图（HCG）上计算两个概念之间的路径距离，并根据它们之间的距离判断两个概念之间的相似性。距离越短，两个概念之间的相似性就越大。语义路径是指本体层次图（HCG）上两个概念连接的最短边的总和。

据 RADA 所述，若本体中各种关系的边的权重都相同，那么概念 A，B 的相似度计算公式如下：

$$\text{sim}(A, B) = \frac{2 \times (\text{Length} - 1) - \text{Dis}(A, B)}{2 \times \text{Length}} \tag{5.1}$$

式中，Length 表示在本体层次图（HCG）中概念 A，B 的最大深度。Dis（A，B）表示 A，B 之间的最短路径的边的数目。

语义相似度公式如下：

$$\text{sim}(A, B) = \frac{\alpha}{\alpha + \text{Dis}(A, B)} \tag{5.2}$$

式中，α 为调节因子，是相似度为 0.5 时的距离。那么，根据该公式，可以得出如下结论：

（1）当 A，B 的路径距离趋于无穷大时，sim = 0，即两者完全不同。

（2）当 A，B 的路径距离趋于 0 时，sim = 1，即两者完全一样。

（3）其余情况介于上述两种情况之间。

Liu 等提出了两种不同的方法计算概念语义相似度，他们的基本理念是去模仿人工判定的过程，设计方法是基于 Dekang Lin 的思想。

$$\text{sim}_{\text{Liu}-1}(c_1, c_2) = \frac{\alpha \times d}{\alpha \times d + \beta \times p} \tag{5.3}$$

$$\text{sim}_{\text{Liu}-2}(c_1, c_2) = \frac{e^{\alpha \times d}}{e^{\alpha \times d} + e^{\beta \times p} - 2} \tag{5.4}$$

式中，d 表示两个概念 c_1，c_2 的最近公共上位在领域本体中的深度距离，p 表示两个概念之间的路径距离。经过实验，得出当 $\alpha = 0.25$，$\beta = 0.25$ 时，得到的效果最好。

Weighted Links 在 Shortest Path 法的基础上，结合概念在本体概念层次树中的位置和边所表示的关联强度，提出了权重的计算方法，借助有向边差异进行量化，分别是基于本体关系类型，节点密度和节点深度的权重路径：

1）基于本体关系类型

本体之间的关系有继承关系、部分关系、同义关系、近义关系、反义关系，以及其他自定义的关系。下面针对这些本体之间的关系定义权值如下式：

$$\text{Weight}_1 = \begin{cases} 1, & \text{同义关系} \\ 0.9, & \text{近义关系} \\ 0.6, & \text{继承关系} \\ 0.3, & \text{部分关系} \\ 0, & \text{反义关系} \end{cases} \tag{5.5}$$

2）基于节点密度

根据节点密度计算权重时需要考虑其子节点、孙节点个数，因为这些节点个数的不同会导致该概念描述的详细程度的不同。密度越大，则表示对该事物描述得越详细，因此权重也越大，公式表示如下：

$$\text{Weight}_2 = \frac{\text{Out}(\text{Parent}) + \text{In}(\text{Children})}{2\text{Out}(\text{Onto})} \tag{5.6}$$

式中，Out（）表示某概念在本体概念层次树中有向无环图的出度，Out（Onto）是指该本体模型的根节点的出度，Out（Parent）是指当前节点的父节点的出度，In

（Children）是指当前节点的入度。

3）基于节点深度

在基于 HCG 的模型中，层次越高的概念在语义上越抽象。下层节点在语义上比上层节点在语义上更为丰富。由最顶端的 thing，逐步向下细分，每个子节点都使其父节点语义更丰富。节点层次越深，表达的概念越详细，因此节点深度的权重公式可以用下式表达：

$$\text{Weight}_3 = \frac{1}{2^{\text{depth}(p)}} + \frac{1}{2^{\text{depth}(p)-1}} + \cdots + \frac{1}{2} \tag{5.7}$$

4）综合权重

将上文三种影响因素综合考虑，得到综合路径权重，可以用下式表达：

$$\text{Weight} = \alpha\,\text{Weight}_1 + \beta\,\text{Weight}_2 + \mu\,\text{Weight}_3 \tag{5.8}$$

式中：$\alpha + \beta + \mu = 1$。

根据关系路径权重，可以得到权重越大的，父子节点（A，B）之间的结构距离越短，可以用下式表示：

$$\text{Dis}(A,\ B) = \frac{1}{\text{Weight}(A,\ B)} \tag{5.9}$$

而同一深度的概念（$C1$，$C2$）之间的路径距离 Dis（$C1$，$C2$）必定经过它们最近的共同父节点（lowest common ancestor，LCA）。公式表示如式（5.10）：

$$\text{Dis}(C1,\ C2) = \text{Dis}(C1,\ \text{LCA}) + \text{Dis}(\text{LCA},\ C2) \tag{5.10}$$

由此，可以得到改进的相似度公式如下：

$$\text{sim}(\text{Dist}) = 1 - \frac{N_{\text{link}_s}(X,\ \text{Lca}(X,\ Y)) + N_{\text{link}_s}(Y,\ \text{Lca}(X,\ Y))}{2 \times (\text{MaxLen} - 1)} \tag{5.11}$$

式中，$N_{\text{link}_s}(X,\ \text{Lca}(X,\ Y)) = \sum\limits_{n \in \text{path}(X,\ \text{Lca}(X,\ Y))} \text{Dist}(n,\ \text{parent}(n))$，且 $\text{Lca}(X,\ Y)$ 代表概念 X 和 Y 在本体模型中最近共同父节点，概念 A 和 B 之间的距离权重可以用 $N_{\text{link}_s}(A,\ B)$ 来表示，式中本体模型中的最大的深度可以用 MaxLen 来表示，path(A，B) 表示概念 A 和 B 的最小语义路径上的概念集，parent(n) 指节点 n 的父节点，与此同时 parent(n) $\in$ path(A，B)。

2. 匹配相似度计算

将在美国墨西哥湾发生的石油钻井平台溢油事件和在美国阿拉斯加威廉王子湾的瓦尔迪兹油轮溢油事故进行对比，用上文所述方法求其相似度。

利用 2.3 节构建的本体网络图如图 5.16 所示，并将该本体结构导出为 owl 文件，在文件中定义了节点之间的层级关系以及概念之间的关系。

使用语义路径的原理来计算两个情景之间的相似度。其中在计算两个情景之间任意一个概念时选用了基于权重的 Weighted Links 方法和 Liu（2006）提出的公式，同时在针对 WS 法时对综合权重的权值进行了调整。以下是实验步骤：

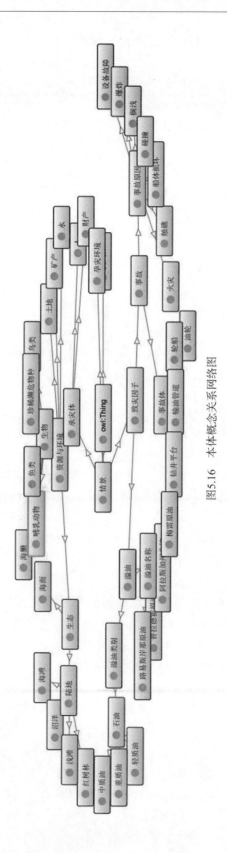

图5.16 本体概念关系网络图

（1）确定目标情景要素与待匹配情景要素，见表 5.3。

表 5.3　　　　　　　　　　　　　　　情景要素表

	墨西哥湾钻井平台溢油情景 （目标情景）	瓦尔迪兹号油轮溢油情景 （待匹配情景）
承灾体	鱼类	海獭
	鸟类	海鸟
	珍稀濒危物种	鱼类
	浅滩	海滩
	沼泽	陆地
	红树林	海面
致灾因子	钻井平台	油轮
	爆炸	触礁
	火灾	搁浅
	石油	普拉德霍原油

（2）根据情景名称查找对应节点。

找到对应节点需要实现树的遍历算法，在遍历树的时候使用了穿线树的遍历方法具体遍历树并且获取相应父节点。遍历本体层次树，可以得到该本体的最大深度为 6，节点个数一共有 49 个，并且获得目标情景要素及待匹配情景要素编号如下：

目标情景要素编号：［2341，2342，2344，23511，23513，23514，1111，1122，1121，1212］；

待匹配情景要素编号：［23431，23421，2341，23512，2351，2352，11121，1124，1125，1221］。

（3）计算任意两个概念的相似度。

首先根据概念节点在树中的位置计算得到最近公共父节点，得到节点之间的边的集合。读取这些边的关系，根据式（5.5）得到边的关系权重 $Weight_1$。读取路径中节点的入度与出度，根据式（5.6）可以得到密度权重 $Weight_2$。读取节点深度，根据式（5.7）得到深度权重 $Weight_3$。根据式（5.8）分别在 $\alpha = 0.5$，$\beta = 0.3$，$\mu = 0.2$ 和 $\alpha = 0.3$，$\beta = 0.5$，$\mu = 0.2$ 的情况下得到综合权重，由此得到语义路径中任意一条边的权重。根据式（5.11）可以得到两个节点之间基于语义路径的相似度。根据式（5.4）可以得到 Liu 提出的公式的概念相似度。

表 5.4 为针对目标情景中的每个要素与待匹配情景中的各个要素之间的相似度表。其中表 5.4 使用 WS 方法在权重 $\alpha = 0.5$，$\beta = 0.3$，$\mu = 0.2$ 时得到的结果。表 5.5 使用的是 WS 方法在权重为 $\alpha = 0.3$，$\beta = 0.5$，$\mu = 0.2$ 时得到的结果，表 5.6 使用的是 Liu（2006）提出的公式。

表 5.4 **WS 法相似度（$\alpha=0.5$，$\beta=0.3$，$\mu=0.2$）**

	海獭	海鸟	鱼类	海滩	陆地	海面	油轮	触礁	搁浅	普拉德霍原油
鱼类	0.922	0.922	1.000	0.867	0.893	0.895	0.771	0.794	0.794	0.796
鸟类	0.922	0.975	0.948	0.867	0.893	0.894	0.771	0.793	0.793	0.796
珍稀濒危物种	0.922	0.922	0.948	0.867	0.893	0.895	0.771	0.794	0.794	0.796
浅滩	0.841	0.841	0.867	0.948	0.974	0.922	0.745	0.767	0.767	0.770
沼泽	0.841	0.841	0.867	0.948	0.974	0.922	0.745	0.767	0.767	0.770
红树林	0.841	0.841	0.867	0.948	0.974	0.922	0.745	0.767	0.767	0.770
钻井平台	0.771	0.771	0.797	0.770	0.797	0.798	0.923	0.894	0.894	0.847
爆炸	0.768	0.768	0.794	0.767	0.794	0.795	0.868	0.946	0.946	0.844
火灾	0.768	0.768	0.794	0.767	0.794	0.795	0.868	0.946	0.946	0.844
石油	0.771	0.771	0.797	0.771	0.797	0.798	0.822	0.845	0.845	0.896

表 5.5 **WS 法相似度（$\alpha=0.3$，$\beta=0.5$，$\mu=0.2$）**

	海獭	海鸟	鱼类	海滩	陆地	海面	油轮	触礁	搁浅	普拉德霍原油
鱼类	0.903	0.903	1.000	0.836	0.868	0.869	0.714	0.744	0.744	0.746
鸟类	0.902	0.968	0.935	0.835	0.868	0.869	0.714	0.744	0.744	0.746
珍稀濒危物种	0.903	0.903	0.935	0.836	0.868	0.869	0.714	0.744	0.744	0.746
浅滩	0.803	0.803	0.836	0.934	0.967	0.902	0.681	0.712	0.712	0.713
沼泽	0.803	0.803	0.836	0.934	0.967	0.902	0.681	0.712	0.712	0.713
红树林	0.803	0.803	0.836	0.934	0.967	0.902	0.681	0.712	0.712	0.713
钻井平台	0.714	0.714	0.746	0.713	0.746	0.747	0.903	0.869	0.869	0.808
爆炸	0.712	0.712	0.744	0.712	0.744	0.745	0.837	0.934	0.934	0.806
火灾	0.712	0.712	0.744	0.712	0.744	0.745	0.837	0.934	0.934	0.806
石油	0.714	0.714	0.746	0.714	0.746	0.747	0.776	0.807	0.807	0.870

表 5.6 **Liu（2006）提出的方法相似度**

	海獭	海鸟	鱼类	海滩	陆地	海面	油轮	触礁	搁浅	普拉德霍原油
鱼类	0.606	0.606	1.000	0.310	0.394	0.394	0.032	0.043	0.043	0.043
鸟类	0.606	0.898	0.726	0.310	0.394	0.394	0.032	0.043	0.043	0.043
珍稀濒危物种	0.606	0.606	0.726	0.310	0.394	0.394	0.032	0.043	0.043	0.043
浅滩	0.243	0.243	0.310	0.793	0.898	0.606	0.025	0.032	0.032	0.032
沼泽	0.243	0.243	0.310	0.793	0.898	0.606	0.025	0.032	0.032	0.032

续表

	海獭	海鸟	鱼类	海滩	陆地	海面	油轮	触礁	搁浅	普拉德霍原油
红树林	0.243	0.243	0.310	0.793	0.898	0.606	0.025	0.032	0.032	0.032
钻井平台	0.032	0.032	0.043	0.032	0.043	0.043	0.606	0.394	0.394	0.157
爆炸	0.032	0.032	0.043	0.032	0.043	0.043	0.310	0.726	0.726	0.157
火灾	0.032	0.032	0.043	0.032	0.043	0.043	0.310	0.726	0.726	0.157
石油	0.032	0.032	0.043	0.032	0.043	0.043	0.120	0.157	0.157	0.394

这 3 个表中纵向要素为目标情景中的要素，横向为待匹配要素。其中在目标情景和待匹配情景中含有一个共同的要素——鱼类，在这三种相似度计算方法中都可以计算得到相似度为 1，这也可以验证算法的基本正确性。

以下列出目标情景中部分要素在待匹配情景中各个要素的相似度，其中图 5.17 是针对"鱼类"要素，图 5.18 是针对"鸟类"要素的。首先这三种方法在对相似度的判断趋势上是一致的。在图 5.17 中，我们可以计算得到目标情景中"鱼类"和待匹配情景中的相同的要素的相似度都是 1，在"海獭""海鸟"的要素上相似度其次，根据本体结构知道它们都属于生物这个分支，因此相似度比较高也比较合理。然后对于其他要素"海滩""陆地"等的相似度逐渐降低，这也和它们在本体中的距离有关。WS-2 方法相比 WS-1 方法在相似度上整体低一点，是因为降低了路径中节点之间的关系权重。因为在本体中各个概念之间的关系都定义为继承关系，所以对其降权也比较合理。Liu 的方法（2006）明显区别于 WS 的方法，因为他在公式中用了指数调节参数，这样语义路径对相似度的影响很大。

在得到各个情景要素的相似度之后，选取待匹配情景元素中与目标情景元素相似度最大的值作为目标情景要素的相似度值，对所有目标情景要素值计算平均值，可以得到两个情景文本之间的相似度，见表 5.7。

表 5.7　　　　　　　　　　　　　　　　**情景相似度**

公式	整体相似度	致灾因子相似度	承灾体相似度
WS-1	0.951	0.974	0.928
WS-2	0.945	0.967	0.923
Liu	0.777	0.941	0.613

5.4.2　情景推演引擎

情景推演引擎的功能是对整个事件的全部情景节点进行解析和有序调度，其核心内容为控制调度推演进程，主要包括：

（1）情景节点解析是从情景库中读取情景，包括全部情景要素、情景间的因果关系等。

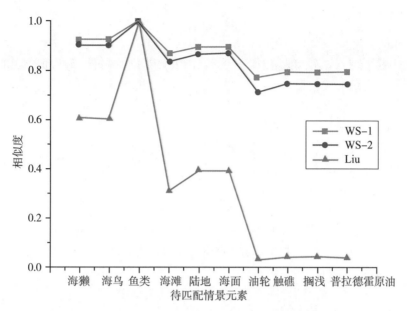

图 5.17 目标情景要素"鱼类"的相似度

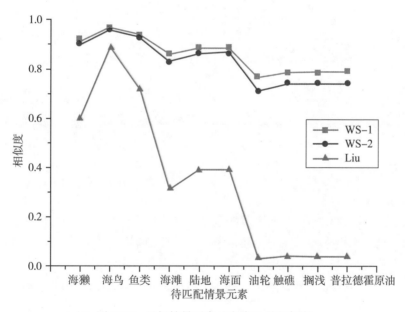

图 5.18 目标情景要素"鸟类"的相似度

（2）情景节点的有序调度是根据解析的情景节点，按照一定的调度算法，根据情景节点间的关系保证情景节点有序加入和退出推演过程。

（3）控制推演的开始、暂停、继续和结束，并提供交互界面，合理设置推演的时间比例尺等。

1. 推理方法

1) 规则推理

基于规则的推理（Rule-Based Reasoning，RBR）是典型的演绎推理。RBR 系统以产生式规则为知识表示形式，采用前向链式、后向链式、Tableau、Rete 等算法进行推理。

规则推理的优点有以下几点：

（1）规则表示形式一致，易于控制和操作。

（2）知识结构接近人类思维逻辑形式，推理过程易于理解。

（3）能有效地表达表层知识。

规则推理的缺点包括以下几点：

（1）对于规则的获取和定义难度非常大，限于解决小规模的推理问题。

（2）规则之间相互约束和相互作用，导致知识处理和推理的低效率。

（3）难以把握知识的整体形象，知识库的管理和维护难度大。

（4）推理缺乏灵活性，推理效率低。

在实现上需要构建完善的规则库，还需要根据已知事实，从规则库中产生新事实或新信息（需要模型、规则计算）。RBR 引擎设计如图 5.19 所示。

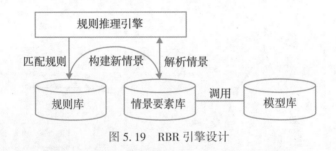

图 5.19　RBR 引擎设计

Rete 算法是一种典型的基于规则的推理算法，本书中 Rete 算法是基于 Jesse 规则引擎和开源软件 Drools 实现的。

Rete 算法是一种高效的模式匹配算法，如图 5.20 所示。根据规则的条件编译生成一个树形结构的判别网络作为事实的传播路径，每个规则条件是网络中的一个节点，运行时将事实送入判别网络进行模式匹配，匹配完全的规则即被激活。

Rete 网络分为 Alpha 和 Beta 网络。Alpha 网络包括 root、type、select 和 alpha memory 节点：

（1）root：事实对象进入 Rete 网络的入口；

（2）type：事实对象类型过滤，将符合条件的事实向后继节点传播；

（3）select：事实对象属性过滤，将符合条件的事实向后继节点传播至 alpha memory 节点。

Beta 网络包括 beta memory 和 join 节点，具体介绍如下：

（1）join：双输入节点，左输入通常为 beta memory 中的事实对象元组，右输入通常

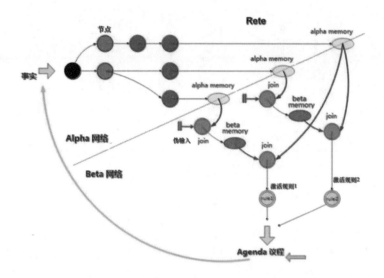

图 5.20　Rete 算法（杨杨等，2020）

是一个事实对象。join 节点对事实间的属性关系进行约束，如条件符合，则对两个输入进行 join 连接操作，且将结果生成元组存储在 beta memory，并向后继节点传播。当事实传播至叶子节点时，表示该节点对应的规则被完全匹配，则将该规则加入议程 Agenda。

（2）beta memory：满足规则约束的事实对象元组集合。

2）案例推理

基于案例的推理（case-based reasoning，CBR）是典型的类比推理。CBR 理论以源案例库为知识表示形式。

案例推理的优点在于：

（1）知识的获取和构造较为简单，克服了 RBR 技术的知识瓶颈问题；

（2）推理速度较快，更加接近专家的思维过程；

（3）案例知识相对独立，案例库易于维护；

（4）拥有增量学习能力。

其缺点在于：

（1）它不能准确地表达容易被人类理解的概念；

（2）对噪声数据很敏感。

在实现上，它需要完善且数量较大的案例库，以及案例匹配算法。CBR 推理的基本过程：案例检索（Retrieve）、案例重用（Reuse）、案例修正（Revise）和案例保存（Retain），如图 5.21 所示。

①Retrieve，案例检索。成功进行检索的前提是构建一个较为完备的源例库。对于待推理的新问题，首先将其规范化、定性定量化地表征为目标案例；然后将目标案例代入源案例库中，与每个源案例进行相似性匹配，确定相似度最高的一个或多个案例作为相似案例。

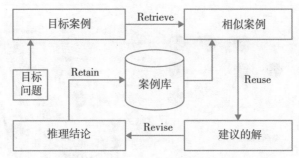

图 5.21　CBR 引擎设计

②Reuse，案例重用。对于检索得出的相似案例，当与目标案例相似度高于预期值时，可以直接使用该相似案例的解决方案。

③Revise，案例修正。当检索得出的相似案例与目标案例的相似度较低时，需要对相似案例的推理结论进行修正，使其符合当前的实际应用情境，具备解决现实问题的能力。

④Retain，案例保存。新案例以某种策略保存到案例库中，持续丰富案例库中的案例，提高其覆盖度，从而不断完善 CBR 系统，增强推理能力。

2. 系统设计

海洋灾害情景推演引擎设计如图 5.22 所示。

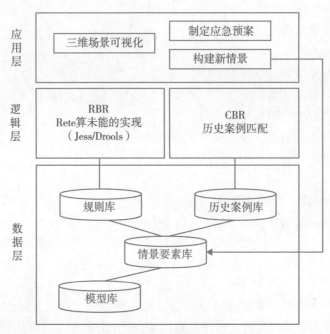

图 5.22　海洋灾害情景推演引擎设计

§5.5　系统功能及实现

1）情景库构建功能

情景库主要是按照风暴潮灾害、浒苔灾害、海上溢油灾害三个灾种分别建立的情景库，根据不同的灾种展示对应情景属性与空间信息。例如，风暴潮灾害情景库提供新增、删除、查询情景的功能，同时可在地图上展示情景的增减水淹没信息；浒苔灾害情景库提供查询情景功能，同时可在地图上展示情景的分布范围及所处阶段信息。

2）案例管理功能

案例管理功能包括新增、删除、查询案例等功能。点击"新增"按钮后，弹出新增案例提示框，输入案例名称，选择风暴潮灾种后点击"确认"，情景推演库中便存储了一条空的案例数据，点击"删除案例"便可从库中删除对应的推演案例。选择一条推演案例，点击"推演"按钮，便可进入情景推演主界面。

3）情景构建功能

情景构建功能包括基于实时数据的监测构建、基于历史数据的历史构建和用户自定义构建。监测构建是通过接入灾种实时监测数据，构建当前正在发生的风暴潮灾害情景、浒苔灾害情景或海上溢油灾害情景。例如，用户选择台风年份、台风名称、台风路径上的发生时间，系统查询监测数据库并完成构建。历史构建是从情景库中选择一条历史台风数据，选取其路径上的某一节点作为初始情景，用户须通过台风编号先选定一条历史台风信息，随后选择该台风路径上的某一时刻点，绘制分析范围后完成构建。自定义构建须用户输入情景名称，选定情景时间，定位台风位置，绘制分析范围，选定相关致灾因子属性后完成构建。

基于实时数据的监测构建可满足灾中的应急推演，基于历史数据的历史构建可满足日常的"复盘式"演练，用户自定义构建可假设未发生过的极端情景，拓展情景的可能性，三种情景构建方式的结合便可满足情景推演的所有应用场景。

4）情景预报模拟功能

情景预报模拟功能主要是对选中的某一台风点预报模拟未来的发展态势，预报信息来源于不同国家或地区（如中国、美国、日本等）的预报机构，包含预测机构、中心经纬度、中心气压、最大风速、发生时间等信息。

5）情景匹配功能

情景匹配功能是针对台风的预报路径，匹配风暴潮灾害情景库中与该预报路径相似度最高的三个情景，用匹配得到的情景增减水信息模拟预报路径的可能增减水情况。风暴潮灾害情景可显示不同时刻台风的增减水信息和最大增减水信息。

6）情景匹配模拟功能

情景匹配模拟主要是针对浒苔灾害、海上溢油灾害灾种监测构建的初始情景，根据一定的匹配规则匹配出情景库中相似度最高的三个情景。匹配的情景在情景基本属性（所处阶段、漂移速度、漂移方向、分布面积）方面与监测构建情景相似，根据匹配情景的未来发展态势，可模拟实际情况的未来发展态势。

7）事件链综合风险分析功能

事件链综合风险分析功能是以本书第 3 章的内容为理论基础而开发实现的。对于每个情景节点均可进行事件链综合风险分析，情景构建模块为该模型提供数据支撑。风暴潮灾害和浒苔灾害的事件链综合风险分析结果能够展示不同承灾体的风险结果和事件链的次生衍生事件风险。

8）情景报告功能

整个案例的推演过程，可按照一定的内容组织方式生成情景报告，同时提供下载功能，下载文件格式为 Word，方便用户自主调整文件内容。

9）情景可视化功能

情景可视化功能主要是提供地图可视化的容器，将不同情景要素以图层的形式叠加到同一底图上进行展示。通过选中某一情景节点，点击"情景分析"按钮，进入情景分析可视化界面。系统中可视化底图选用了"天地图"矢量底图，数据图层采用实时计算绘制与发布服务的形式调用加载，以达到实时渲染的效果。

§5.6　本章小结

本章从系统建设内容与需求出发，基于设计原则，首先设计了系统的总体框架和功能框架，介绍了具体的功能设计与情景库设计，并阐述了系统的技术流程与数据处理流程；然后针对系统研发过程中涉及的关键技术，重点介绍了情景快速检索与匹配、情景推演引擎技术；最后介绍了系统的功能实现过程。

第6章 情景推演典型案例分析

§6.1 风暴潮灾害典型案例情景推演

6.1.1 我国东南沿海典型风暴潮灾害情景构建

1. 典型风暴潮灾害情景构建意义

我国东南沿海风暴潮灾害频发，给沿海居民的正常生活带来危害。对风暴潮漫滩情景进行构建，能够帮助我们充分分析风暴潮的演进过程和特点，有助于我们从中提炼出关键情景要素，并对其中的关键属性数据进行模拟，存储在情景库中，这些数据可以作为后续情景推演的基础数据，有助于研究人员对于风暴潮未来的态势进行分析预测。

2. 典型风暴潮灾害情景构建方法

常用的情景构建方法有知识元模型、RLM（Role-limiting Method）模型、本体模型、KADS/Common KADS 等。知识元模型是在深入分析事物本源的前提下，从概念、属性、关系三个角度进行情景构建的方法（冯余佳，2017）。本章采用知识元模型进行我国东南沿海典型风暴潮灾害的情景构建，从概念、属性、关系三个角度对情景构建过程进行描述。

1）概念知识元

概念知识元是通过对单一情景要素进行描述，单一情景要素是不能再分的最小的情景。可将其抽象描述为：

$$K_m = (N_m, A_m, R_m), \quad \forall m \in M \tag{6.1}$$

式中，m 为具体的某个情景，M 为情景组成的集合，N_m 为情景名称的集合，A_m 为情景属性状态的集合，R_m 为表征情景间关系的集合。

2）属性知识元

属性知识元是对情景的属性进行描述，可将其抽象描述为：

$$k_a = (p_a, d_a, f_a), \quad \forall a \in A_m, \quad \forall m \in M \tag{6.2}$$

式中，p_a 为对属性状态的描述，如可测或者不可测等；d_a 为对属性量纲的描述，如取值类型、单位等；f_a 为属性的时变函数，用来描述属性随时间变化的规律。公式如式（6.3）所示：

$$a_t = f_a(a_{t-1},\ t) \tag{6.3}$$

3）关系知识元

关系知识元用于描述情景属性之间的关系，如一种属性数据可能是另一种属性的输入值。可将其抽象表示为：

$$K_r = (p_r,\ A_r^I,\ A_r^O,\ f_r),\ \forall r \in R_m,\ \forall m \in M \tag{6.4}$$

式中，p_r 是对属性之间关系的描述，如属性之间的关系呈现出线性、非线性、逻辑、结构、函数等不同的状态；A_r^I 为属性之间关系中的输入值；A_r^O 为属性之间关系中的输出值；f_r 代表两者之间的传递关系，可表示为：

$$A_r^O = f_r(A_r^I) \tag{6.5}$$

从上述描述可知，利用知识元模型构建情景的流程为：首先，深入分析事件演变的过程，并从中提取出关键情景要素；然后，明确各情景要素的属性数据；最后，明确情景要素属性之间的联系。根据以上描述，我们对情景构建的具体流程进行总结，如图 6.1 所示。

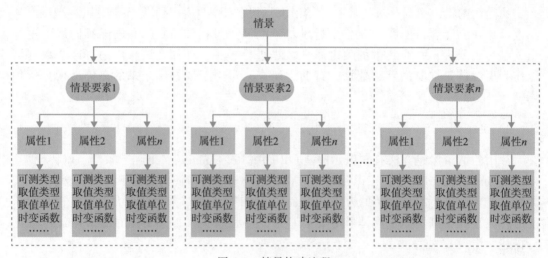

图 6.1　情景构建流程

通过分析风暴潮漫滩从开始到消亡的过程，发现在这一过程中主要存在三个主要情景要素，分别是风暴潮漫滩灾害本身、承灾体、应急管理措施（饶文利等，2020）。因此，利用知识元模型对这三个情景要素进行描述，并将情景信息存储在数据库中，便于后续情景推演的进行。

1）风暴潮漫滩灾害本身

风暴潮漫滩灾害本身包括灾害及其衍生灾害的基本信息，如台风风速、中心气压、发生漫滩的位置与漫滩水位高度等。通过分析风暴潮漫滩灾害来构建风暴潮灾害知识元模型，见表 6.1。

表 6.1   **风暴潮灾害知识元模型**

属性名称	属 性 状 态				属性间关系
	可测特征	取值类型	取值单位	时变函数	
编号	计算机自动生成	GUID	无	无	无
类别描述	可描述	字符型	无	无	无
时间	可描述	字符型	无	无	无
漫滩位置	可测	双精度	无	无	无
漫滩范围	可测	双精度	无	无	无
漫滩水位高度	可测	双精度	无	无	无
台风等级	可测	双精度	无	无	无
中心气压	可测	双精度	无	无	无
最大风速	可测	双精度	无	无	无

其中：漫滩位置与漫滩范围这两个关键属性数据由 DHI MIKE 软件模拟得到。

2）承灾体

承灾体是指在台风风暴潮漫滩灾害发生后，承受灾害的主体通常包括建筑物、耕地等类别。通过分析承灾体的特点来构建承灾体知识元模型，见表 6.2。

表 6.2   **承灾体知识元模型**

属性名称	属 性 状 态				属性间关系
	可测特征	取值类型	取值单位	时变函数	
编号	不可测	GUID	无	无	无
类别描述	可描述	字符型	无	无	无
物理脆弱性等级	可描述	字符型	无	无	无
经度	可测	双精度	无	无	无
纬度	可测	双精度	无	无	无
位置描述	可描述	可描述	无	无	无
警告水位	可测	双精度	无	无	无
关联情景	可描述	可描述	无	无	无

3）应急管理措施

应急管理措施是指台风风暴潮漫滩灾害发生以后，应急管理人员为降低灾害所带来的危害展开的一系列行为。通常包括人员疏散、建筑物破损修复、建筑加固、排除积水等。通过分析风暴潮漫滩应急措施特点来构建应急管理措施知识元模型，见表 6.3。

表 6.3　　　　　　　　　　　　　**应急管理措施知识元模型**

属性名称	属性状态				属性间关系
	可测特征	取值类型	取值单位	时变函数	
编号	不可测	GUID	无	无	无
类型	可描述	字符型	无	无	无
作用对象	可描述	字符型	无	无	无
行动描述	可描述	字符型	无	无	无

3. 典型风暴潮情景构建结果与分析

情景构建的关键在于情景要素关键属性数据的确定,本章利用 DHI MIKE 软件来模拟典型风暴潮灾害情景的关键属性数据。

我国东南沿海 50 年一遇台风最大风速为 61m/s 有 90% 的置信区间（曹诗嘉等,2019）,故取 61m/s 近似作为广东省 50 年一遇台风的最大风速。根据参考文献,中国不同重现期台风最大风速与 50 年一遇台风最大风速具有如下关系[1]:

$$\delta = \frac{V_T}{V_{50}} = \sqrt{\frac{0.363 \lg T + 0.463}{1.08}} \tag{6.6}$$

将广东省台风重现期划分为 10 年一遇、20 年一遇、50 年一遇、100 年一遇四种不同重现期,依据上述公式,计算得到不同重现期台风的最大风速,详见表 6.4。

表 6.4　　　　　　　　　　　　　**台风重现期划分依据**

重现期（年）	最大风速（m/s）	风速范围（m/s）
10	53	50～53
20	57	53～57
50	61	57～61
100	64	61～64

将登陆广东省的 70 场台风的登陆点及登陆轨迹进行可视化,发现广东省台风的登陆点多集中在惠州、茂名、阳江附近,且呈现出明显的西北转向。基于以上典型特征,为不同重现期的台风匹配到一条典型轨迹,并将其作为后续台风风暴潮漫滩情景模拟的基础数据,并设定台风登陆点为惠州市中心（北纬 114.8°,东经 22.6°）,如图 6.2 和图 6.3 所示。

---

[1]　张相庭:《结构风工程:理论规范实践》,北京:中国建筑工业出版社,2006.

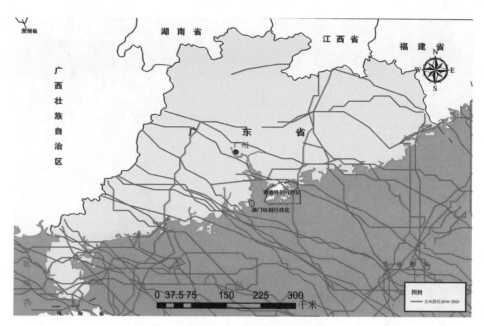

图 6.2　广东省历史台风登陆点及轨迹

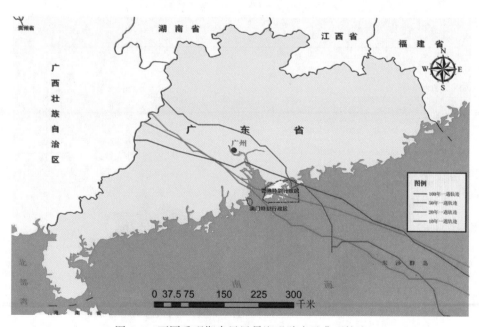

图 6.3　不同重现期台风风暴潮登陆点及典型轨迹

　　以广东省惠州市为研究单元,利用 MIKE 软件模拟不同重现期台风风暴潮关键属性数据。MIKE 软件计算得到的数据存储于 .xyz 格式中,利用 Python 进行数据处理后,可以得到研究区域出现最大漫滩的位置和最大增水值。利用计算得到的数据进行可视化,结果如

图 6.4 和图 6.5 所示（以 100 年一遇和 50 年一遇为例）。

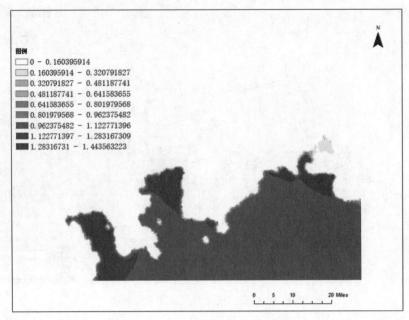

图 6.4　100 年一遇台风风暴潮最大增水数据（单位：米）

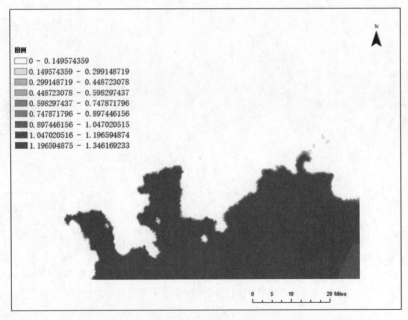

图 6.5　50 年一遇台风风暴潮最大增水数据（单位：米）

将漫滩位置信息及增水高度这些灾害关键属性数据存入情景库中，有助于后续情景推

150

演的进行。情景库的设计如图 6.6 所示。

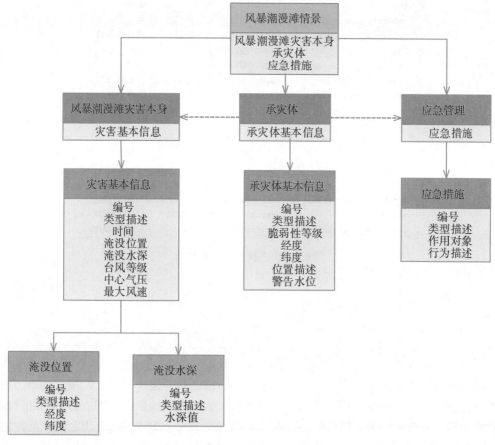

图 6.6　情景库设计

本章使用 MySQL 进行情景库的构建，按照知识元模型所构建的情景，将关键属性数据存入情景库中，情景库中各表的设计如图 6.7、图 6.8、图 6.9 所示。

	Field	Type	Comment
🔑	id	int(100) NOT NULL	编号
	category_description	varchar(1000) NOT NULL	类别描述
	time	datetime NOT NULL	时间
	position	longtext NOT NULL	淹没位置
	surge_height	longtext NOT NULL	淹没水深
	typhoon_intensity	varchar(100) NOT NULL	台风等级
	center_preture	int(11) NOT NULL	中心气压
	max_speed	int(11) NOT NULL	最大风速

图 6.7　灾害本身情景要素表

Field	Type	Comment
id	int(100) NOT NULL	编号
category_description	varchar(100) NOT NULL	类别描述
vulnerability_level	varchar(100) NOT NULL	脆弱性等级
longitude	float NOT NULL	经度
latitude	float NOT NULL	纬度
position—describe	varchar(100) NOT NULL	位置描述
warning water level	float NOT NULL	警告水位

图 6.8　承灾体情景要素表

Field	Type	Comment
id	int(100) NOT NULL	编号
category_description	varchar(100) NOT NULL	类型描述
object	varchar(1000) NOT NULL	作用对象
action_description	varchar(1000) NOT NULL	行为描述

图 6.9　应急措施情景要素表

6.1.2　"山竹"台风案例概述

1. 研究区域与对象

研究区域位于中国广东省,广东省位于南岭以南,与香港、澳门、广西、湖南、江西及福建接壤,与海南隔海相望。广东是我国历史上台风登陆次数最多的省份,因此选择广东省作为研究省份具有丰富的研究基础和重要的现实意义。为了重点突出台风风暴潮的增减水对广东沿海的影响,进而选择了珠江口作为更小范围的研究对象。珠江口位于广东省中南部,如图 6.10 所示,是三角洲网河和残留河口湾并存的河口。径流大,潮差小,研究过程中受到天文潮的影响误差较小,适合台风风暴潮增减水和淹没的模拟分析。另外,珠江口分布有大量的渔场、港口,承灾体资源丰富,适合开展事件链的风险分析研究。以珠江口为研究区域,范围涉及广东省深圳市、广州市、中山市、佛山市、珠海市、江门市、东莞市 7 市。

2018 年 22 号超强台风"山竹"在广东省台山市海宴镇附近沿海登陆,为 2018 年我国所遭遇的最强台风,台风"山竹"造成广东、广西、海南、湖南、贵州 5 省(区)近300 万人受灾,5 人死亡,1 人失踪,还造成 5 省(区)的 1200 余间房屋倒塌,800 余间严重损坏,近 3500 间一般损坏;农作物受灾面积 174.4 千公顷,其中绝收 3.3 千公顷;直接经济损失 52 亿元。① 台风"山竹"强度强,强风范围大,大风极端性较强,是近年来少见的超强台风,因此选择"山竹"台风风暴潮为研究对象。

---

①　资料来源:南方都市报,https://www.sohu.com/a/254772707_161795。

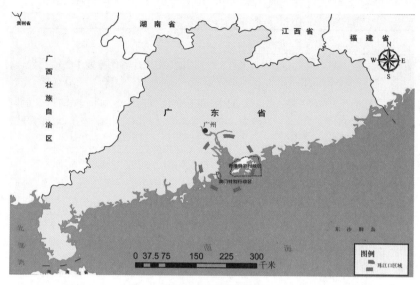

图 6.10　研究区域

2. 事件过程

2018 年 22 号台风"山竹"自 2018 年 9 月 7 日 20 时在西北太平洋洋面上生成到 2018 年 9 月 17 日晚 8 时中央气象台停止对其编号,共历时 10 天,期间最大风速达 65m/s,中心附近最大风力达 17 级以上。于 2018 年 9 月 16 日 17 时在广东省台山市海宴镇附近沿海登陆,登陆时中心附近最大风力达 14 级,主要影响了我国广东、广西、海南、湖南、贵州 5 省,造成了巨大损失。根据中央气象台和多家权威媒体报道整理汇总了"山竹"台风的发展全过程,其发展过程详见表 6.5。

表 6.5　　　　　　　　　　　　　台风"山竹"发展经过

时间	发 展 过 程
2018 年 9 月 7 日	20 时台风"山竹"在西北太平洋洋面上生成,距离台湾省台东市东偏南方向约 4780km(北纬 12.9°,东经 165.3°);中心附近最大风力 8 级(18m/s)
2018 年 9 月 8 日	20 时中国国家气象中心将其升格为热带风暴
2018 年 9 月 9 日	02 时中国国家气象中心将其升格为强热带风暴;同日 08 时国家气象中心将其升格为台风,中央气象局将其升格为中度台风
2018 年 9 月 10 日	"山竹"继续向西偏南移动,在关岛附近海域掠过。"山竹"在同日 08 时进入香港天文台责任范围,香港天文台评定其为台风;同时,"山竹"继续受到干空气入侵,并移到风切变较为强的海域,令它发展迟缓,迟迟未能开启风眼,但国家气象中心和香港天文台在同日 20 时仍然将其升格为强台风
2018 年 9 月 11 日	中国国家气象中心和韩国气象厅率先将其升格为超强台风,我国台湾地区气象部门也在不久后将其升格为强烈台风

续表

时间	发 展 过 程
2018 年 9 月 15 日	凌晨 01 时 40 分，台风"山竹"从菲律宾北部登陆，接近中午时已经离开陆地，以每小时 25km 速度移向南海；09 时 30 分，台风"山竹"移入南海东北部；16 时，"山竹"中心位于距离广东省阳江市东偏南方向约 850km 的南海东北部海面上，并向西偏北方向移动，继续向广东沿海靠近；同日 18 时，澳门地球物理暨气象局挂出 3 号风球
2018 年 9 月 16 日	08 时，台风"山竹"距离广东台山东偏南方向约 345km（强台风级，15 级，50m/s）；17 时，第 22 号台风"山竹"（强台风级）在广东台山海宴镇登陆，登陆时中心附近最大风力 14 级（45m/s，相当于 162km/h），中心最低气压 955 百帕
2018 年 9 月 17 日	14 时，日本气象厅和香港天文台先后将其降格为热带低压；17 时，台风"山竹"已减弱为热带低压，到达广西百色市境内，强度继续减弱并远离广东省；20 时，因难以确定其环流中心，中央气象台对其停止编号

据《2018 年中国海洋灾害公报》统计，受"山竹"台风风暴潮和近岸浪的共同影响，福建省直接经济损失 0.02 亿元，广东省直接经济损失 23.70 亿元，广西壮族自治区直接经济损失 0.85 亿元，三地直接经济损失合计 24.57 亿元。

台风"山竹"期间，沿海观测到的最大风暴增水为 339cm，发生在广东省三灶站。增水超过 100cm 的还有广东省横门站（289cm）、惠州站（278cm）、黄埔站（274cm）、赤湾站（247cm）、汕尾站（178cm）、台山站（175cm）、北津站（147cm）、海门站（129cm）、汕头站（114cm）和闸坡站（113cm）。广东省横门站、惠州站、三灶站、赤湾站和黄埔站最高潮位分别超过当地红色警戒潮位 93cm、71cm、64cm、57cm 和 46cm，其中横门站、惠州站和三灶站最高潮位破历史最高潮位纪录。[1]

在次生衍生事件方面，台风"山竹"造成 5 省（区）的 1200 余间房屋倒塌，800 余间严重损坏，近 3500 间一般损坏；5 人死亡，1 人失踪；农作物受灾面积 174.4 千公顷，其中绝收 3.3 千公顷；直接经济损失 52 亿元。受台风"山竹"影响，广东阳江、江门多地内涝严重，阳江阳春市漠阳江附近的岗美镇、合水镇、陂面镇部分村庄被淹，停水停电，多地群众被困。据不完全统计，受灾人口 4.2 万人，转移人员 7399 人，倒塌房屋 55 户 108 间。除此之外，台风"山竹"肆虐华南港口，码头被淹、港口受损、集装箱倒塌，华南多地实施交通管制、航班取消、铁路停运，交通状况不容乐观。[2]

3. 数据来源与预处理

针对台风"山竹"的案例分析，从基础地理信息数据和台风数据两个方面进行收集和整理。

基础地理信息数据包括广东省 30m DEM 数据、中国沿海边界数据、各类承灾体分布

---

[1]　自然资源部海洋预警监测司，2018 年中国海洋灾害公报，2019.

[2]　资料来源：南方都市报，https://www.sohu.com/a/254772707_161795.

数据等。通过高德地图 API 爬取了港口码头、机场、住宅区、旅游景点、渔场、水闸的
POI 位置，作为港口码头、机场、建筑物、旅游娱乐区、水产养殖区、水闸的承灾体分布
数据；收集了全国铁路线路数据，以广东沿海边界数据近似替代海堤分布数据，用
ArcGIS10.4 模拟了海上运输航道的分布数据，共计 9 类承灾体数据，如图 6.11 所示。

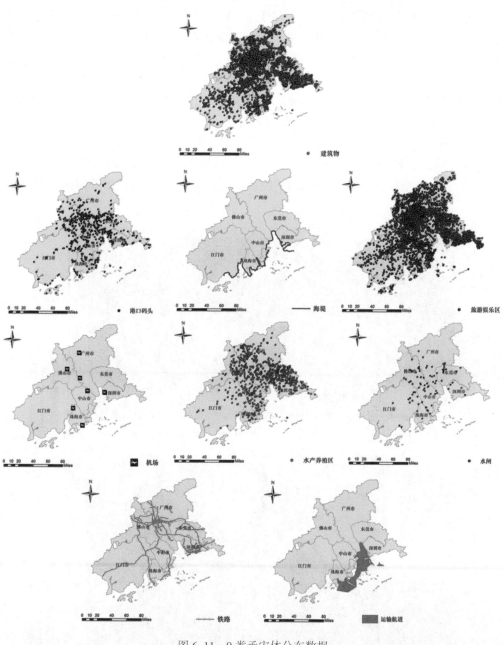

图 6.11　9 类承灾体分布数据

　　台风数据在本章中特指 2018 年第 22 号台风"山竹"的详细路径数据，数据内容包括时间、经纬度、最大风速、强度、中心气压、移动速度、移动方向、七级风圈半径、十级风圈半径、十二级风圈半径等。

　　由于台风路径数据中不包含风暴潮增减水的数据，各地验潮站的连续监测数据又难以收集，为得到"山竹"台风风暴潮增减水的面状矢量数据，使用了 MIKE21 和 ArcGIS10.4 对"山竹"台风进行增减水的数值模拟和数据处理。MIKE21 是丹麦水利研究所开发的平面二维数学模型软件，基于水动力模型用于数值模拟河流、湖泊、河口、海湾、海岸以及海洋的水流、波浪、泥沙及环境等，已经在丹麦、埃及、泰国以及中国得到成功应用。目前在中国应用发展得很快，并在一些大型工程中被广泛应用，例如，长江口综合治理工程、杭州湾数值模拟、南水北调工程等。本章节中，主要用到的是 MIKE 21 Flow Model FM 模块。具体流程如下：

　　首先制作水路边界，在 ArcGIS10.4 中提取广东沿海边界，利用 MIKE ZERO 的 shp2xyz 功能将 shapefile 文件转化为 xyz 文件。接下来进行网格制作，采用 MIKE Zero 网格生成器生成网格文件。利用水路边界、网格文件和"山竹"台风数据进行增减水的模拟，模拟结果可导出为 xyz 格式文件，再进行一次坐标转换便可用于后续的研究分析，如图 6.12 所示。

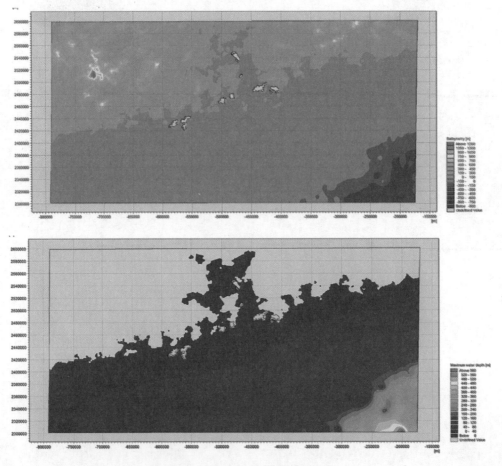

图 6.12　MIKE21 风暴潮模拟过程

6.1.3 "山竹"台风风暴潮情景构建

针对"山竹"案例和不同的研究需求,对风暴潮情景要素的属性进行扩充和删减,结合研究内容,整合得到"山竹"台风风暴潮情景模板,见表6.6。

表6.6 **"山竹"台风风暴潮情景模板**

情景要素		情景要素属性	数据格式
基本要素		情景名称、编号、时间、位置	字符型/日期型/数值型
致灾因子	台风	强度、最大风速、七级风圈半径、十级风圈半径、十二级风圈半径	字符型/数值型
	增减水	增水高度、范围	Shapefile(面)
承灾体	海堤	名称、类型、位置	Shapefile(线)
	水闸	名称、类型、位置	Shapefile(点)
	泵站	名称、类型、位置	Shapefile(点)
	港口码头	名称、类型、位置	Shapefile(点)
	机场	名称、类型、位置	Shapefile(点)
	铁路	名称、类型、位置	Shapefile(线)
	电力设施	名称、类型、位置	Shapefile(点)
	旅游娱乐区	名称、类型、位置	Shapefile(点)
	水产养殖区	名称、类型、位置	Shapefile(点)
	建筑物	名称、类型、位置	Shapefile(点)
	海上运输航道	名称、类型、位置	Shapefile(面)
	危化品设施	名称、类型、位置	Shapefile(点)

为使得针对"山竹"台风风暴潮的情景推演更有意义,需要选取特征明显的关键发展节点作为情景推演的关键情景。从6.1.2节整理的案例经过出发,2018年9月15日10时,"山竹"台风中心移出菲律宾,进入我国南海东北部区域,选取此时的情景作为初始情景 S_0。2018年9月16日17时"山竹"台风登陆广东省,选取此时的情景作为登陆情景 S_2 以及2018年9月16日1时的情景作为中间阶段的发展阶段 S_1。另外,为了推演现实未发生的情景,在 S_2 情景的基础上假设其他条件相同,改变登陆地点为深圳,模拟了 S_3 情景。结合收集的数据与预处理的结果,"山竹"台风风暴潮的4个情景数据见表6.7。各阶段台风风暴潮增减水如图6.13、图6.14、图6.15所示。

表 6.7　　　　　　　　　　　　　"山竹"台风风暴潮三阶段情景数据表

情景要素	详 细 数 据			
情景名称	"山竹"初始情景	"山竹"发展情景	"山竹"登陆情景	"山竹"模拟情景
情景编号	S_0	S_1	S_2	S_3
时间	2018.9.15 10：00	2018.9.16 1：00	2018.9.16 17：00	2018.9.16 17：00
经纬度	120.3°E，18.3°N	117.1°E，19.6°N	112.5°E，21.9°N	114.0°E，22.6°N
台风强度	强台风	强台风	强台风	强台风
台风最大风速（m/s）	48	50	45	45
台风风圈半径（km）	[500，220，80]	[550，320，100]	[400，200，80]	[400，200，80]
风暴潮增减水	见图 6.13	见图 6.14	见图 6.15	同 S_2
12 类承灾体	见图 6.11			

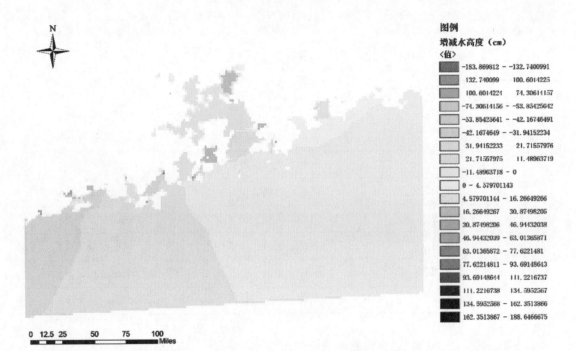

图 6.13　15 日 10 时（S_0）"山竹"台风风暴潮增减水

由图 6.13~图 6.15 可见，S_0、S_1 和 S_2 这三个阶段的情景中，S_0 情景为"山竹"初始情景，广东沿海地区出现了轻微的风暴增水和风暴减水，增减水高度一般集中在 ±50cm 之内，大多以风暴减水为主；S_1 情景为"山竹"发展情景，广东沿海则主要以风暴增水为主，增水高度在 0~93cm 不等，呈自西向东递减趋势；S_2 情景为"山竹"登陆情景，珠江口沿岸同时出现了较为强烈的风暴增水和风暴减水，东侧以风暴增水为主，增水高度最高约为 188.6cm，西侧以风暴减水为主，减水高度最高约为 183.9cm。

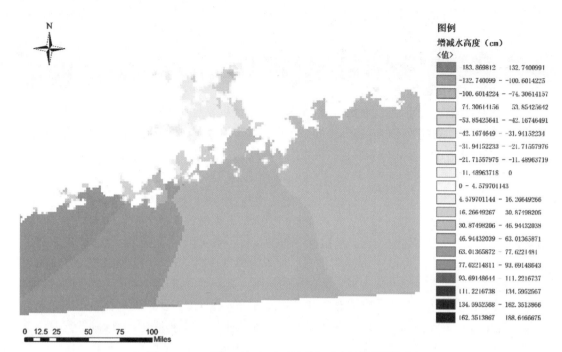

图 6.14 16 日 01 时（S_1）"山竹"台风风暴潮增减水

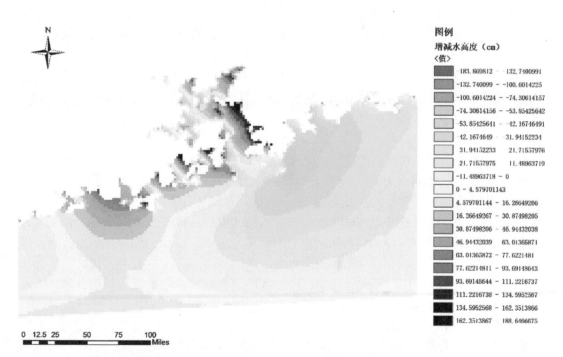

图 6.15 16 日 17 时（S_2）"山竹"台风风暴潮增减水

6.1.4　"山竹"台风风暴潮情景推演

1. "山竹"台风风暴潮事件链综合风险推演

1）灾害综合风险理论

风险的表征有多种手段，有学者用概率与损失的乘积表示风险，这是着重于评估灾害后果的风险；也有学者用危险性和脆弱性的乘积表示风险，这是聚焦于灾害系统的风险评估方法。结合多位学者的风险表征方式，将灾害综合风险表示如式（6.7）及式（6.8）所示：

$$C = (H \times E \times S)^{\frac{1}{3}} \tag{6.7}$$

$$R = P \times C \tag{6.8}$$

该式为概念公式，其中 C 为灾害后果，P 为灾害发生概率，R 为灾害综合风险；H 为致灾因子危险性，是评估致灾因子危险性等级的指标，致灾因子危险性越大，该灾害造成的普遍破坏力越大；E 为承灾体暴露性，S 为承灾体敏感性，$E \times S$ 为承灾体脆弱性的表征，承灾体暴露性表示承灾体受到灾害破坏的范围，能从空间维度表达承灾体受到的风险大小，而承灾体敏感性表示承灾体对于某一类灾害的敏感程度，不同承灾体对于同一灾害的敏感性也各不相同，承灾体敏感性是通过承灾体自身属性来评价其可能受到的灾害的风险大小。$H \times E \times S$ 为灾害后果的表征，C 值越大，表明灾害后果越严重。本节主要讨论致灾因子危险性、承灾体暴露性和承灾体敏感性的计算方法。

（1）致灾因子危险性。

风暴潮灾害往往由多个致灾因子造成，包括大风、暴雨、增减水、海浪等。某些极端风暴潮灾害的多个致灾因子同时达到历史罕遇水平，从而造成严重的灾害损失。

风暴潮不同致灾因子的致灾机制不同，而且均有可能造成严重的损失，对多致灾因子的危险性指标进行等级划分，便于综合判断灾害等级，也利于有针对性地指导应急工作。风暴潮危险性主要从风和增水两个方面对致灾因子进行危险性等级划分。

①风的危险性分析。

针对台风风暴潮，其风的指标可参照台风的风力等级划分。根据中国气象局"关于实施 GB/T 19201—2006《热带气旋等级》国家标准的通知"，热带气旋按中心附近地面最大风速可以划分为超强台风、强台风、台风、强热带风暴、热带风暴、热带低压 6 个等级。热带低压的中心附近风力达 6~7 级，热带风暴的中心附近风力达 8~9 级，强热带风暴的中心附近风力达 10~11 级，台风的中心附近风力达 12~13 级，强台风的中心附近风力可达 14~15 级，超强台风的中心附近风力为 16 级及以上。用单一位置的风力大小无法评价不同区域、不同范围的承灾体风险，因此将用"台风风圈"的概念替代台风风力等级，用风圈的区域性划分来评估不同范围的风的危险性大小。

本研究方法中，引入七级风圈、十级风圈、十二级风圈的概念，七级风圈是指在此范围内平均风力达七级或以上；十级风圈指在此范围内平均风力达十级或以上，十二级风圈指在此范围内平均风力达十二级或以上。如表 6.8 所示，风的危险性等级划分为Ⅰ级、Ⅱ级、Ⅲ级和Ⅳ级，Ⅰ级为最高级别，Ⅳ级为最低级别。危险性分值分别为 9、6、3、1，1 表示几乎无危险，3 表示一般危险，6 表示中等危险，9 表示严重危险。

表 6.8 **风的危险性等级划分**

级别	危险性等级			
	Ⅰ级	Ⅱ级	Ⅲ级	Ⅳ级
风圈范围	十二级风圈范围内	介于十级与十二级风圈之间	介于七级与十级风圈之间	七级风圈之外
危险性分值	9	6	3	1

②增水的危险性分析。

增水的危险性分析主要参考风暴潮的增水高度，国家海洋局的增水等级划分见表 6.9。增水高度≥450cm 为Ⅰ级，增水高度 350~450cm 为Ⅱ级，增水高度 150~300cm 为Ⅲ级，增水高度 0~150cm 为Ⅳ级，Ⅰ级为最高级别，Ⅳ级为最低级别。危险性分值分别为 9、6、3、1，1 表示几乎无危险，3 表示一般危险，6 表示中等危险，9 表示严重危险。

表 6.9 **增水的危险性等级划分**

级别	危险性等级			
	Ⅰ级	Ⅱ级	Ⅲ级	Ⅳ级
增水高度	≥450cm	350~450cm	150~300cm	0~150cm
危险性分值	9	6	3	1

致灾因子危险性通过风和增水的综合计算得到，公式如式（6.9）所示：

$$H = (W \times S)^{\frac{1}{2}} \tag{6.9}$$

式中，H 为致灾因子危险性，W 为风（Wind）的危险性分值，S 为增水（Surge）的危险性分值。

（2）承灾体暴露性。

承灾体暴露性指的是承灾体受到灾害损害的范围，为了更细化地表示承灾体暴露性，采用一个隶属度函数作为表达承灾体暴露性的指标，如式（6.10）所示：

$$E = R(0 \leq R \leq 1) \tag{6.10}$$

式中，E 为承灾体暴露性，R（Range）为承灾体在不同等级致灾因子中的空间范围，因此 E 的取值范围为 $[0, 1]$。

承灾体暴露性的计算可通过 GIS 的空间分析方法协助进行，通过交叉分析分别计算不同空间范围内的目标面积，以此得到承灾体暴露性结果。

（3）承灾体敏感性。

承灾体敏感性是指承灾体在受到灾害损害之后容易造成损失的程度，承灾体的敏感性越高，其重要程度越高，在灾害中更容易造成巨大的损失，更需要进行保护和修复。承灾体敏感性用专家打分法得出，分值范围为 $[1, 10]$。

①敏感程度 10：说明承灾体十分重要，自身价值很高、属于敏感地点或者损毁后可

能造成非常严重的次生衍生事件。

②敏感程度 8：说明承灾体非常重要，自身价值高、属于较为敏感的地点或者损毁后可能造成严重的次生衍生事件。

③敏感程度 6：说明承灾体比较重要，自身价值较高或者损毁后可能造成比较严重的次生衍生事件。

④敏感程度 4：说明承灾体一般重要，自身价值一般或者造成的次生衍生事件不太严重。

⑤敏感程度 2：说明承灾体自身价值不高或者一般不造成次生衍生事件。

判断同一类承灾体重要性时可根据承灾体的一些特殊属性，将重要程度分值上下浮动 1 或 2 分。

风暴潮灾害中针对不同的致灾因子，承灾体的敏感性不同，如海堤对风的敏感性较低，对增水的敏感性较高。不同承灾体敏感性等级划分表详见附录表 A。

（4）灾害综合风险计算。

针对单一承灾体，对式（6.11）进行调整，其综合风险具体公式为：

$$R = P \times \sqrt{\Big(\sum_{i=1}^{n}(E_i \times W_i)\times S_W\Big)^{\frac{1}{2}}\times\Big(\sum_{j=1}^{n}(E_j \times W_j)\times S_T\Big)^{\frac{1}{2}}} \tag{6.11}$$

式中，E_i 为处于不同风圈范围内的承灾体面积占比，W_i 为不同风圈范围内的风的危险性分值，S_W 为针对风的该承灾体敏感性分值。E_j 为不同增水高度范围内的承灾体面积占比，W_j 为不同增水高度的危险性分值，S_T 为针对增水的该承灾体敏感性分值。

针对某一类次生衍生事件，即针对某一类承灾体，该事件的综合风险具体公式也如式（6.11）所示，其中 E_i 表示为处于不同风圈范围内的某类承灾体面积占比，E_j 为不同增水高度范围内的某类承灾体面积占比，与单一承灾体综合风险的计算相比只有承灾体暴露性计算的差异。

2）台风风暴潮 ST-DCFPN 构建

结合 3.1.1 节和 3.1.3 节的模型理论，构建台风风暴潮 ST-DCFPN，如图 6.16 所示，台风风暴潮 ST-DCFPN 共由 30 个库所（P）和 31 个变迁（T）构成，Petri 网中各库所的含义见表 6.10，P_0 为原生事件台风风暴潮，$P_1 \sim P_{12}$ 为一级次生衍生事件，$P_{13} \sim P_{29}$ 为二级及以上次生衍生事件。变迁中 T_{12}、T_{19}、T_{22}、T_{23}、T_{26} 和 T_{27} 为并发型变迁，其余均为串发型变迁，同时也形成了大量耦合型网络结构，其耦合类型均为加重型耦合。

表 6.10　　　　　　　　　台风风暴潮模糊 Petri 网络库所含义

库所（P）	含义	库所（P）	含义
P_0	（台风）风暴潮	P_{15}	铁路停运/延误
P_1	码头受损	P_{16}	航班停飞/延误
P_2	铁路受损	P_{17}	人员伤亡
P_3	机场受损	P_{18}	停电/漏电
P_4	水闸受损	P_{19}	城市内涝
P_5	泵站受损	P_{20}	养殖设备受损

库所（P）	含义	库所（P）	含义
P_6	建筑物倒塌	P_{21}	渔业受损
P_7	电力设施受损	P_{22}	群体性事件
P_8	溃堤	P_{23}	溢油事故
P_9	养殖区受损	P_{24}	运输业受损
P_{10}	海上交通中断	P_{25}	车辆损毁
P_{11}	旅游业受损	P_{26}	企业停产
P_{12}	危化品受损	P_{27}	路上动物疫情
P_{13}	航运停运/延误	P_{28}	传染病疫情
P_{14}	船只受损	P_{29}	畜牧业受损

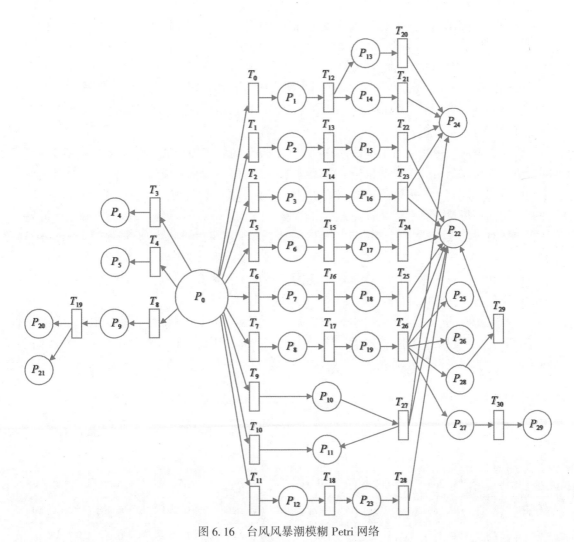

图 6.16 台风风暴潮模糊 Petri 网络

确定 ST-DCFPN 的库所和变迁后，需要探讨其库所标识和变迁标识的值。根据 3.3.2 节的定义，库所标识表示次生衍生事件风险，而 P_0 代表原生事件台风风暴潮，其标识值一般设为 1，但在本模型中，P_0 的值无实际含义，只作为后续事件风险计算的初始值。变迁标识值通过隶属度函数来确定，对于 $T_0 \sim T_{11}$ 将采用式（6.11）计算，由于式（6.11）的计算结果值域不在 $[0, 1]$ 之间，因此对于 $T_0 \sim T_{11}$，其变迁隶属度函数设置为：

$$\mu = \frac{1}{10} R \tag{6.12}$$

对于 $T_{12} \sim T_{30}$，其含义均为次生衍生事件触发的约束规则置信度，由于不同次生衍生事件触发的规则不同，且均包含复杂的触发机理，因此对该类变迁进行简化，用更泛化的规则进行表示。例如，前置事件的风险越大，则其次生衍生事件的发生概率越大。将此知识进行隶属度函数转化，得到：

$$\mu = \alpha_{前} \tag{6.13}$$

式中，$\alpha_{前}$ 表示前置库所标识值。有了确定变迁标识值的方法后，便可通过式（3.6）进行所有库所真值的计算。

3）事件链综合风险推演

6.1.3 节进行了"山竹"台风风暴潮的情景构建，共构建了"山竹"初始情景、"山竹"发展情景、"山竹"登陆情景和"山竹"模拟情景四个情景。本节将对这四个情景进行事件链综合风险分析。

首先，针对一级次生衍生事件计算其风险，对于风致灾因子的风险计算，通过 GIS 空间分析中的交叉分析分别计算位于七级风圈之外、七级风圈与十级风圈之间、十级风圈与十二级风圈之间和十二级风圈内的承灾体要素。点要素用数量度量，线要素用长度度量，面要素用面积度量，分别计算各部分所占比例。结合致灾因子危险性和承灾体敏感性可先计算出针对风的次生衍生事件风险。同理，对于增水也可以进行类似的计算，计算位于 $0 \sim 150 cm$、$150 \sim 300 cm$、$300 \sim 450 cm$ 和 $450 cm$ 以上的承灾体占比，再结合增水的致灾因子危险性和承灾体敏感性计算针对增水的次生衍生事件风险。最后，参考式（6.11）计算次生衍生事件综合风险。

计算完所有的一级次生衍生事件风险后，参考式（3.6），并结合图 6.16 所构建的 ST-DCFPN 进行二级及以上次生衍生事件的风险计算。根据 6.1.2 节和 6.1.3 节的数据，对于所构建的四个情景分别进行事件链综合风险计算，得到结果见表 6.11。

表 6.11 S_0、S_1 和 S_2 的 ST-DCFPN 参数结果

初始情景 S_0				发展情景 S_1				登陆情景 S_2				模拟情景 S_3			
T_0	0.263	P_0	1	T_0	0.331	P_0	1	T_0	0.416	P_0	1	T_0	0.436	P_0	1
T_1	0.186	P_1	0.263	T_1	0.226	P_1	0.331	T_1	0.293	P_1	0.416	T_1	0.305	P_1	0.436
T_2	0.245	P_2	0.186	T_2	0.311	P_2	0.226	T_2	0.383	P_2	0.293	T_2	0.401	P_2	0.305
T_3	0.157	P_3	0.245	T_3	0.198	P_3	0.311	T_3	0.247	P_3	0.383	T_3	0.259	P_3	0.401

初始情景 S_0			发展情景 S_1			登陆情景 S_2			模拟情景 S_3		
T_4	0.168	P_4	0.157	T_4	0.200	P_4	0.198	T_4	0.265	P_4	0.247	T_4	0.277	P_4	0.259
T_5	0.238	P_5	0.168	T_5	0.290	P_5	0.200	T_5	0.374	P_5	0.265	T_5	0.390	P_5	0.277
T_6	0.283	P_6	0.238	T_6	0.347	P_6	0.290	T_6	0.449	P_6	0.374	T_6	0.466	P_6	0.390
T_7	0.211	P_7	0.283	T_7	0.278	P_7	0.347	T_7	0.346	P_7	0.449	T_7	0.353	P_7	0.466
T_8	0.200	P_8	0.211	T_8	0.252	P_8	0.278	T_8	0.316	P_8	0.346	T_8	0.336	P_8	0.353
T_9	0.238	P_9	0.200	T_9	0.313	P_9	0.252	T_9	0.373	P_9	0.316	T_9	0.400	P_9	0.336
T_{10}	0.200	P_{10}	0.238	T_{10}	0.243	P_{10}	0.313	T_{10}	0.316	P_{10}	0.373	T_{10}	0.327	P_{10}	0.400
T_{11}	0.316	P_{11}	0.257	T_{11}	0.387	P_{11}	0.341	T_{11}	0.501	P_{11}	0.455	T_{11}	0.518	P_{11}	0.487
T_{12}	0.263	P_{12}	0.316	T_{12}	0.331	P_{12}	0.388	T_{12}	0.416	P_{12}	0.501	T_{12}	0.436	P_{12}	0.518
T_{13}	0.183	P_{13}	0.069	T_{13}	0.226	P_{13}	0.109	T_{13}	0.293	P_{13}	0.173	T_{13}	0.305	P_{13}	0.190
T_{14}	0.245	P_{14}	0.069	T_{14}	0.311	P_{14}	0.109	T_{14}	0.383	P_{14}	0.173	T_{14}	0.401	P_{14}	0.190
T_{15}	0.238	P_{15}	0.035	T_{15}	0.290	P_{15}	0.051	T_{15}	0.374	P_{15}	0.086	T_{15}	0.390	P_{15}	0.093
T_{16}	0.283	P_{16}	0.06	T_{16}	0.347	P_{16}	0.097	T_{16}	0.449	P_{16}	0.147	T_{16}	0.466	P_{16}	0.161
T_{17}	0.211	P_{17}	0.057	T_{17}	0.278	P_{17}	0.084	T_{17}	0.346	P_{17}	0.140	T_{17}	0.353	P_{17}	0.152
T_{18}	0.316	P_{18}	0.080	T_{18}	0.388	P_{18}	0.120	T_{18}	0.501	P_{18}	0.201	T_{18}	0.518	P_{18}	0.217
T_{19}	0.200	P_{19}	0.045	T_{19}	0.252	P_{19}	0.077	T_{19}	0.316	P_{19}	0.119	T_{19}	0.336	P_{19}	0.125
T_{20}	0.070	P_{20}	0.040	T_{20}	0.109	P_{20}	0.063	T_{20}	0.173	P_{20}	0.100	T_{20}	0.190	P_{20}	0.113
T_{21}	0.070	P_{21}	0.040	T_{21}	0.109	P_{21}	0.063	T_{21}	0.173	P_{21}	0.100	T_{21}	0.190	P_{21}	0.113
T_{22}	0.035	P_{22}	0.081	T_{22}	0.051	P_{22}	0.153	T_{22}	0.086	P_{22}	0.274	T_{22}	0.093	P_{22}	0.311
T_{23}	0.06	P_{23}	0.100	T_{23}	0.097	P_{23}	0.150	T_{23}	0.147	P_{23}	0.251	T_{23}	0.161	P_{23}	0.269
T_{24}	0.057	P_{24}	0.070	T_{24}	0.084	P_{24}	0.130	T_{24}	0.140	P_{24}	0.213	T_{24}	0.152	P_{24}	0.247
T_{25}	0.080	P_{25}	0.002	T_{25}	0.120	P_{25}	0.006	T_{25}	0.201	P_{25}	0.014	T_{25}	0.217	P_{25}	0.016
T_{26}	0.045	P_{26}	0.002	T_{26}	0.077	P_{26}	0.006	T_{26}	0.119	P_{26}	0.014	T_{26}	0.125	P_{26}	0.016
T_{27}	0.238	P_{27}	0.002	T_{27}	0.313	P_{27}	0.006	T_{27}	0.373	P_{27}	0.014	T_{27}	0.400	P_{27}	0.016
T_{28}	0.100	P_{28}	0.002	T_{28}	0.150	P_{28}	0.006	T_{28}	0.251	P_{28}	0.014	T_{28}	0.269	P_{28}	0.016
T_{29}	0.002	P_{29}	0.000	T_{29}	0.006	P_{29}	0.000	T_{29}	0.014	P_{29}	0.000	T_{29}	0.016	P_{29}	0.000
T_{30}	0.002			T_{30}	0.006			T_{30}	0.014			T_{30}	0.016		

表中除 P_0 之外的库所均代表各次生衍生事件风险，根据式（3.15）可以计算得到 S_0、

S_1、S_2 和 S_3 的总事件链风险分别为 3.516、4.706、6.452 和 6.872，四个情景中风险最高的次生衍生事件均为危化品受损事件，风险值分别为 0.316、0.388、0.501 和 0.518，从总事件链风险和最大风险事件来看真实的三个情景的事件链风险趋势呈 $S_2 > S_1 > S_0$，与实际情况趋势相符。

通过统计四个情景中各类事件的风险等级，得到表 6.12。其中 S_0 和 S_1 的事件风险均集中在低风险和中风险之间，S_2 中 13.8% 的事件为高风险事件，S_3 中 20.7% 的事件为高风险事件，四个情景均未出现极高风险事件。从事件风险分布来看，三个真实情景的事件链风险趋势也呈 $S_2 > S_1 > S_0$，与实际情况趋势相符。

S_3 情景是模拟"山竹"登陆深圳的情景，其事件链总风险大于 S_2 真实登陆情景，事件风险分布也比 S_2 情景更严重，说明同等致灾因子的情况下，"山竹"台风登陆深圳会比登陆江门具有更高的风险，可能造成更大的损失。

表 6.12　　　　　　　　　　　S_0、S_1、S_2 和 S_3 的次生衍生事件风险统计表

	初始情景 S_0		发展情景 S_1		登陆情景 S_2		模拟情景 S_3	
	个数	比例	个数	比例	个数	比例	个数	比例
Ⅰ级	0	0	0	0	0	0	0	0
Ⅱ级	0	0	0	0	4	13.8%	6	20.7%
Ⅲ级	9	31.0%	11	37.9%	12	41.4%	10	34.5%
Ⅳ级	20	69.0%	18	62.1%	13	44.8%	13	44.8%

将一级次生衍生事件与最末端的次生衍生事件首尾相接，构造单条事件链，可以得到例如 P_0-P_1-P_{13}-P_{24} 的共 21 条单一事件链，计算其事件链风险并进行排序，可以得到每个情景单一事件链风险值前五的排序，见表 6.13。其中，S_0 和 S_1 的单一事件链风险值排序结果相同，风险最高的为"台风风暴潮—危化品受损—溢油事故—群体性事件"，之后依次为"台风风暴潮—海上交通中断—旅游业受损"、"台风风暴潮—电力设施受损—停电/漏电—群体性事件"、"台风风暴潮—码头受损—航运停运/延误—运输业受损"和"台风风暴潮—码头受损—船只受损—运输业受损"。而 S_2 登陆情景结果略有不同，最大风险的单一链仍然为"台风风暴潮—危化品受损—溢油事故—群体性事件"，但排在第二和第三的"台风风暴潮—电力设施受损—停电/漏电—群体性事件"和"台风风暴潮—海上交通中断—旅游业受损"位次发生交换。排在第四的出现了新的事件链，为"台风风暴潮—机场受损—航班停飞/延误—群体性事件"。

表 6.13　　　　　　　　　　S_0、S_1、S_2 和 S_3 的最大风险链前五统计结果

	初始情景 S_0	发展情景 S_1	登陆情景 S_2	模拟情景 S_3
1	P_0-P_{12}-P_{23}-P_{22}	P_0-P_{12}-P_{23}-P_{22}	P_0-P_{12}-P_{23}-P_{22}	P_0-P_{12}-P_{23}-P_{22}

续表

	初始情景 S_0	发展情景 S_1	登陆情景 S_2	模拟情景 S_3
2	P_0-P_{10}-P_{11}	P_0-P_{10}-P_{11}	P_0-P_7-P_{18}-P_{22}	P_0-P_7-P_{18}-P_{22}
3	P_0-P_7-P_{18}-P_{22}	P_0-P_7-P_{18}-P_{22}	P_0-P_{10}-P_{11}	P_0-P_{10}-P_{11}
4	P_0-P_1-P_{13}-P_{24}	P_0-P_1-P_{13}-P_{24}	P_0-P_3-P_{16}-P_{22}	P_0-P_1-P_{13}-P_{24}
5	P_0-P_1-P_{14}-P_{24}	P_0-P_1-P_{14}-P_{24}	P_0-P_1-P_{13}-P_{24} P_0-P_1-P_{14}-P_{24}	P_0-P_1-P_{14}-P_{24}

上述结果表明，在台风风暴潮的初始和发展阶段，单一事件链之间的风险相对变化不大，主要因为致灾因子危险性和承灾体暴露性在初期都较小，结果更多地与承灾体自身的敏感性相关，敏感性越高的承灾体在台风风暴潮初期引发次生衍生事件的风险较其他承灾体更高。在台风发展过程中，随着致灾因子危险性和承灾体暴露性的增大，单一事件链风险随之增大。当台风登陆时，大多数承灾体均受到了致灾因子的强烈影响，此刻的结果充分考虑了计算模型中各部分的影响，也更具有现实意义。在登陆情景中，高风险事件是危化品受损事件、码头受损事件、电力设施受损事件和旅游业受损事件。根据实际新闻报道，广东电网445万用户用电受影响，旅游部门要求关闭辖区内所有景区；广东煤炭港口码头全部暂停作业，深圳码头船班全面停航。这些真实灾情都从侧面反映了事件链综合风险分析模型的有效性。①

2. "山竹" 台风风暴潮断链减灾分析

由上一节对四个情景进行的事件链综合风险推演结果可知，三个真实情景中 S_2 情景，即 "山竹" 登陆情景的事件链总风险最高。因此本节以 S_2 情景为例，进行相关的断链减灾分析。

影响台风风暴潮事件链综合风险的主要变量为致灾因子危险性、承灾体暴露性和承灾体敏感性。致灾因子危险性是台风风暴潮的自身属性，人为操作无法改变，而承灾体敏感性是承灾体的固有属性，也无法控制。因此，从承灾体暴露性入手，保持其他变量不变，改变承灾体暴露性，模拟可能造成的事件链总风险。假设对各类承灾体进行保护是随机、均匀的，且被保护的承灾体不受台风风暴潮致灾因子的影响，计算事件链总风险、总风险降低率和措施有效率，计算结果如图6.17所示。其中，随着承灾体被保护比例从0匀速增长到90%，事件链总风险从6.452降低到了1.547，总风险降低率平稳上升至76.02%。这表明对承灾体的保护措施能够有效降低事件链总风险。措施有效率即总风险降低率与承灾体被保护比例的比值，假设保护各类承灾体的资源消耗相同，那么措施有效率可表示保护单位比例承灾体时事件链风险的降低效率。该值

---

① 资料来源：澎湃新闻，http：//m. the paper. cn/newsDetail_forward_2450858。

越高则表明对应的应急处置措施越有效，性价比越高。由图 6.17 可知，随着承灾体被保护比例的匀速增长，措施有效率也在缓慢增长，这表明承灾体被保护比例越高，保护承灾体这项措施的性价比也越高。

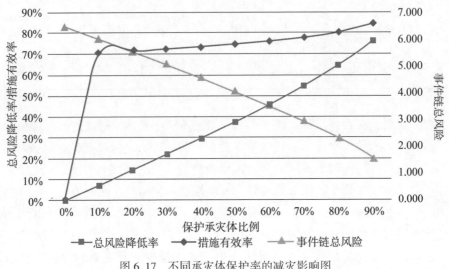

图 6.17　不同承灾体保护率的减灾影响图

　　由于承灾体的数量庞大，现实中往往不可能消耗巨大的资源来保护所有的承灾体，因此本文对不同承灾体进行了分析，比较不同类别的承灾体对于事件链总风险降低率的影响。分别假设每一类承灾体均被彻底保护（即承灾体暴露性为 0），计算这一措施的事件链总风险降低率，得到的结果如图 6.18 所示。

　　图 6.18 中事件链总风险降低率最高的是港口码头，说明在"山竹"登陆情景中，港口码头受损所引发的一系列链式效应最为严重。其次是危化品设施，超过平均水平的依次有海上运输航道、电力设施和机场。因此，在资源有限的情况下，优先对排名靠前的这些承灾体类别进行充分的保护对于降低事件链总风险更有效。

3. "山竹"台风风暴潮最大危害情景评估

　　在对多个情景依次进行推演分析之后，可以进行多情景的统计、分析和评估，根据不同维度的情景要素和情景分析结果评估本次推演的最大危害情景，有利于应急资源的准备和处置方案的设计。本节将设计一套适用于本文台风风暴潮情景推演的指标体系，并结合 AHP（层次分析法）定权，评估本章案例四个情景中的最大危害情景。

　　首先建立层次结构模型，如图 6.19 所示，目标层表示需要解决问题的目的，即层次分析要达到的总体目标。准则层表示实现总目标过程中的环节，一般从多维度考虑。指标层即具体的评价指标，隶属于不同的准则。

　　指标体系构建完成后，按照层次分析法的一般评价思路，须采用专家打分法对各层各指标间的重要程度进行一一比较并打分，专家人数一般为奇数。各指标间的重要性采取 9

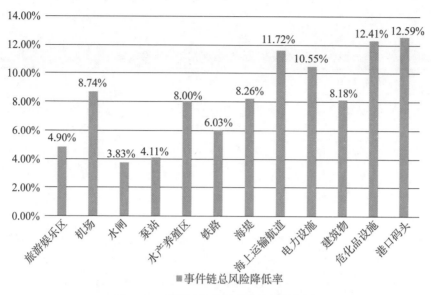

图 6.18　不同承灾体类型的减灾影响图

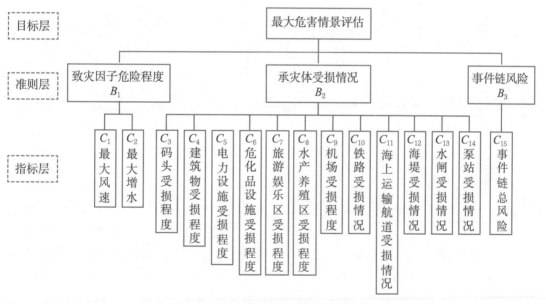

图 6.19　最大危害情景评估层次结构图

度法打分，1 表示 i 相比于 j 同样重要，3 表示 i 相比于 j 稍微重要，5 表示 i 相比于 j 比较重要，7 表示 i 相比于 j 非常重要，9 表示 i 相比于 j 绝对重要，反之用对应的分数表示。2，4，6，8 表示重要程度介于 1~3，3~5，5~7，7~9 之间。本文综合了 5 位情景推演和风暴潮方面的专家评分判定结果，层层构建判断矩阵，并进行一致性检验，最终得到各指标的权重见表 6.14。

表 6.14　　　　　　　　　　　　**最大危害情景评估准则层和指标层权重**

准则层	准则层权重系数	指标层	指标层权重系数	综合权重	排序
B_1	0.4823	C_1	0.4333	0.2091	3
		C_2	0.5667	0.2733	1
B_2	0.2835	C_3	0.0476	0.0135	13
		C_4	0.0936	0.0265	8
		C_5	0.1338	0.0379	5
		C_6	0.2326	0.0659	4
		C_7	0.0168	0.0048	15
		C_8	0.0242	0.0068	14
		C_9	0.0639	0.0181	10
		C_{10}	0.0951	0.0271	7
		C_{11}	0.0685	0.0194	9
		C_{12}	0.1069	0.0303	6
		C_{13}	0.0619	0.0175	11
		C_{14}	0.0551	0.0156	12
B_3	0.2342	C_{15}	1	0.2342	2

确定各级指标权重后，对指标层指标进行评分，最大风速和最大增水采用 4.4.3 节中的真实数据，各类承灾体受损评分采用 4.4.5 节第 1 部分事件链综合风险推演过程中的承灾体综合风险值，事件链总风险采用 4.4.5 节第 1 部分中的分析结果。由于不同指标的量纲不同，需进行归一化处理，归一化公式如下：

$$x_i^* = \frac{x_i - x_{\min}}{x_{\max} - x_{\min}} \tag{6.14}$$

式中，x_i^* 为归一化后的指标评分值，得到 S_1、S_2、S_3 和 S_4 四个情景所有归一化的指标评分值后，将各指标权重与评分值加权相加，得到最终各情景的危害评估结果，结果见表 6.15。

表 6.15　　　　　　　　　　　　S_1、S_2、S_3 和 S_4 危害评估结果

情景	S_1	S_2	S_3	S_4
危害评估结果	0.1255	0.4708	0.7331	0.7909

表 6.15 中危害评估结果呈 $S_4 > S_3 > S_2 > S_1$，因此 S_4 为需要评估的最大危害情景，得到最大危害情景后可针对该情景生成处置决策方案，合理配置应急资源。由于研究内容的限制，最大危害情景评估所考虑的方面和指标有限，在真正的情景推演中，除了事件链分析还有多种情景分析模型，会生成更多的统计分析结果，可进一步扩充最大危害情景评估的指标体系，使评估结果更加科学和全面。

4. "山竹"台风风暴潮应急疏散推演

根据搜狐网、南方都市报新闻，"由于阳光带海滨城二期（113.946°E，22.525°N）旁中建二局建筑工地上塔吊影响小区业主安全①"，"山竹"台风来临前，该小区需要疏散施工地附近的居民。同时，假设荔香公园（113.929°E，22.536°N）部分区域可能由于降雨导致积水过深，需疏散公园内的常住居民与旅行游客。假设，经统计需要疏散阳光带海滨城二期小区居民 1152 人，荔香公园 3637 人，目前预计南山区公交总站(113.937°E，22.520°N) 可调配车辆为 7 辆。设置疏散乘客在阳光带海滨城二期小区上车所需时间为 0.05 分钟每人，在荔香公园上车所需时间为 0.1 分钟每人，乘客时间均为 0.08 分钟每人。

车库（南山区公交总站）、待疏散点（荔香公园、阳光海滨城二期）、避难点分布情况如图 6.20 所示。疏散参数设置见表 6.16。

表 6.16   **疏散参数表**

参数	值	
疏散地点	阳光带海滨城二期小区	荔香公园
疏散人数	1152	3637
参与公交疏散可能性	［30%，50%，70%，100%］	［50%，70%，100%］
参与疏散车辆	7 辆	
车辆故障可能性	2%	
车辆座位数	50 人/辆	

考虑到疏散地需要疏散人员的不确定性和可用车辆的不确定性，此处将疏散车辆发生故障的概率设为 2%，即 100 辆车中可能最多有 2 辆车发生故障。设置阳光带海滨城二期小区选择公交疏散的人员比例可能为 30%，50%，70% 和 100%，假设这四种比例以相同概率发生；考虑到公园老年游客稍多，设置荔香公园待疏散人员选择公交疏散的比例为 50%、70% 和 100%，同样假设这三种比例以相同概率发生。由于设置的参数不同，导致疏散情景不同，根据上述参数，参与疏散的车辆发生故障的可能性较小，其中 1 辆车故障的可能性为 12%，2 辆车故障的可能性为 0.75%，0.75% 概率太小可以选择忽略，因此假

---

① 资料来源：南方都市报，https：//m.sohu.com/a/254404114_161795/？pvid＝000115_3w_a。

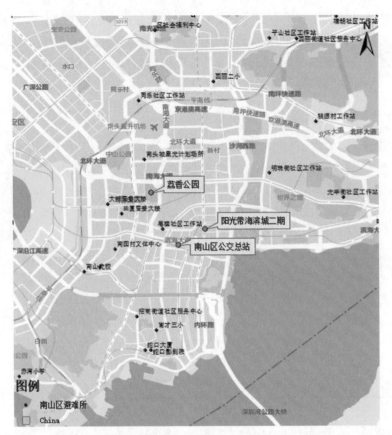

图 6.20　南山区避难点、待疏散点与车库分布示意图

设针对疏散车辆可能出现的情景有两种：①7 辆车全部参与疏散，②6 辆车参与疏散；阳光带海滨城二期小区所设置的疏散可能性有 4 种情形，计算得出阳光带海滨城二期小区可能采用公交车疏散的人数为 346（30%）、576（50%）、807（70%）、1152（100%）；荔香公园设置的疏散可能性有 3 种，分别为 1819（50%）、2545（70%）、3637（100%）。

将上述场景进行组合，可能的情景共 2×4×3＝24 种，分别计算这 24 种情形，结果如图 6.21 所示。

如图 6.21 所示，横轴代表不同情景编号，纵轴为所需的疏散时间（分钟），整理后可得出结论：有 70% 的概率可以在 625 分钟内完成公交疏散，最坏情况下（阳光带海滨城二期小区需要疏散 3637 人，荔香公园需要疏散 1152，参与疏散的公交车共 6 辆）疏散需要 746 分钟完成。发生概率最大的疏散时间区间是 300～400 分钟内，概率为 33.3%，其他疏散时间区间和概率分别为：200～300 分钟 4.2%，400～500 分钟 25%，500～600 分钟 16.7%，600～700 分钟 16.6%，700～800 分钟 4.2%。

根据结果可以给出相应疏散建议，即在尚未考虑群众接受疏散信息用时和准备疏散阶段所需时间的情况下，最保守的疏散指令下达时间应该在预计淹没时刻的前 800 分钟；如果选择在预计淹没时刻的前 600 分钟下达疏散指令，那么在区域被淹没前疏散完群众的可

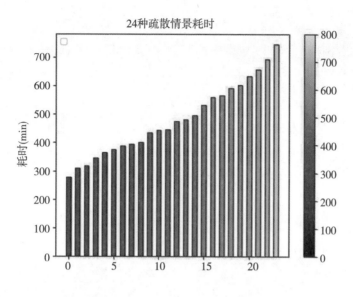

图 6.21　24 种疏散情景耗时

能性为 80% 左右。推荐疏散指令下达时间在预计地区淹没的前 800 分钟到 600 分钟之间，这两个时段间隔 200 分钟，如果 200 分钟之内判断估计无法获得更精确的台风路径和导致淹没的信息，那么建议选择前 800 分钟这个时段进行疏散，以获取更多的疏散时间。

§ 6.2　海上溢油灾害事件典型案例情景推演

6.2.1　海上溢油灾害事件典型灾害情景过程

海上溢油事件灾害情景的演化主要关注致灾因子，即溢出的原油本身，以及承灾体主体的变化。不论钻井平台溢油、船舶溢油、管道溢油还是岸滩溢油，在应急救援中主要关注的是溢出的原油扩散、油膜燃烧或爆炸的三个典型情景，及对应暴露的承灾体和应急处置措施。下面以船舶溢油为例，给出了典型情景，如图 6.22 所示。

6.2.2　碳九事件案例概述

选择 2018 年 4 月 11 日福建泉港碳九泄漏事件（以下简称碳九事件）为案例，对溢油事件展开情景推演。通过资料搜集分析，提取了碳九事件过程中的重要发展节点，并在此基础上总结了对应的关键情景和推演情景，对其中部分情景要素进行合理假设，以便重现事件推演的过程。

碳九事件重要发展节点如下：

2018 年 11 月 3 日 16 时左右，"天桐 1" 油轮靠泊泉州市泉港区东港石化公司码头。

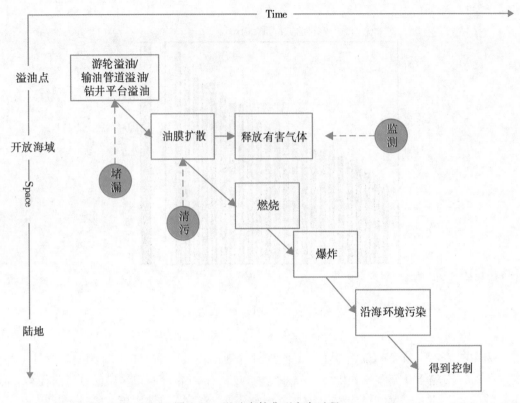

图 6.22　溢油事件典型灾害过程

　　2018 年 11 月 3 日 19 时 20 分，开始从东港石化公司码头输油管道进行工业用裂解碳九的装船作业。

　　2018 年 11 月 4 日凌晨 0 时 51 分，输油管出现跳管现象。

　　2018 年 11 月 4 日凌晨 1 时 13 分，东港石化公司码头作业人员巡查时发现裂解碳九泄漏；作业人员立即采取停泵、关阀措施。

　　2018 年 11 月 4 日凌晨 1 时 23 分泄漏停止。

　　2018 年 11 月 4 日凌晨 2：00 许，处置单位赶到码头进行污油回收。

　　2018 年 11 月 4 日凌晨 4：30 围油栏内清污作业基本结束。但部分污油向邻近的肖厝海域移动，泉港部分区域空气出现刺鼻性气味。

　　2018 年 11 月 4 日，官方发布消息称：“由于及时展开应急处置工作，当天下午就已经基本完成海面油污清理，大气挥发性有机物浓度指标也达到安全状态。”

　　2018 年 11 月 4 日至 2018 年 11 月 8 日，舆情发酵。

　　截至 2018 年 11 月 8 日 17 时，泉港区医院共接诊疑似接触碳九泄漏患者 52 名。

6.2.3　碳九事件情景构建

　　构建初始情景树模板，如图 6.23 所示。

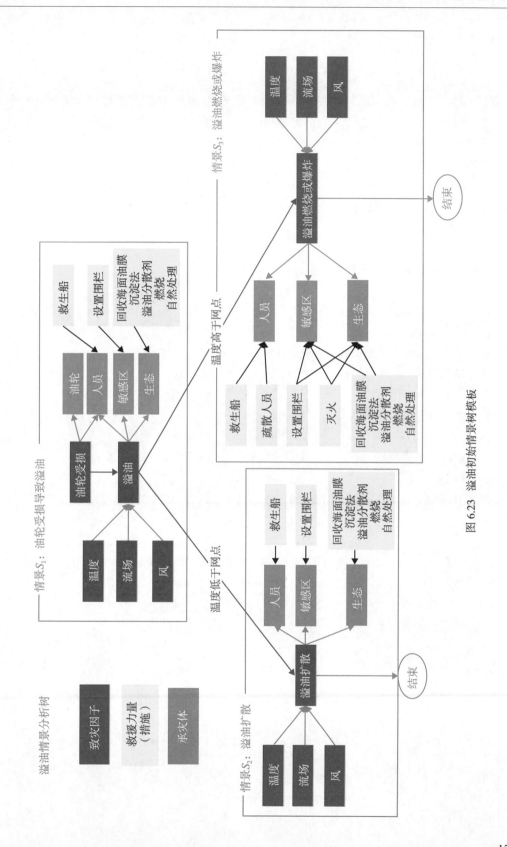

图 6.23　溢油初始情景树模版

碳九事件关键情景节点构建如下：

1. 初始情景

（1）时间：2018 年 11 月 4 日凌晨 0 时 51 分至 2018 年 11 月 4 日凌晨 1 时 23 分；

（2）地点：泉州市泉港区东港石化公司码头（118.985°E，25.187°N）；

（3）孕灾环境：

海面温度：20℃（假设），

风场：E 1 m/s（假设），

流场：E 5 m/s（假设）；

（4）致灾因子：

溢油量：69.1t，

油品类型：工业用裂解碳九产品，

溢油类型：码头溢油，

溢油原因：输油管道破损；

油膜面积：1000m²，

油膜厚度：50mm；

（5）承灾体：

受困人员：0 人，

临近敏感资源区：码头；

（6）救援力量：

巡查作业人员发现碳九泄漏，立即采取停泵、关阀措施并向上汇报；

（7）结果：

至 2018 年 11 月 4 日凌晨 1 时 23 分溢油点停止溢油，溢油量为 69.1t。

2. 情景 1

（1）时间：2018 年 11 月 4 日凌晨 2：00 至 2018 年 11 月 4 日凌晨 4：30；

（2）地点：泉州市泉港区东港石化公司码头（118.985°E，25.187°N）；

（3）孕灾环境：

海面温度：20℃（假设），

风场：E 1 m/s（假设），

流场：E 5 m/s（假设）；

（4）致灾因子：

溢油量：69.7t，

油品类型：工业用裂解碳九产品，

溢油类型：码头溢油，

溢油原因：输油管道破损，

油膜面积：3000m²，

油膜厚度：20mm；

（5）承灾体：

受困人员：0人，

临近敏感资源区：码头；

（6）救援力量：

①设置围油栏：用环形布放法设置帘式围油栏共长1000 m（假设），

结果：围油栏内溢油不再扩散、偏移，围油栏外溢油受风场、流场作用继续偏移扩散；

②溢油回收：多船使用吸附式撇油器在围油栏内进行溢油回收（假设），

结果：围油栏内溢油回收80%；

③溢油清污：围油栏内使用吸油毡、清油剂清除残油（假设），

结果：围油栏内溢油清污工作基本完成，围油栏外溢油向邻近的肖厝海域漂移，泉港部分区域空气出现刺鼻性气味。

3. 情景2

（1）时间：2018年11月4日凌晨4：30至2018年11月8日晚；

（2）地点：泉州市泉港区东港石化公司码头临近区域（118.985°E，25.187°N）；

（3）孕灾环境：

海面温度：15~20℃（假设），

风场：E 1 m/s 波动（假设），

流场：E 5 m/s 波动（假设）；

（4）致灾因子：

溢油量：10t；

油品类型：工业用裂解碳九产品，

溢油类型：码头溢油，

溢油原因：输油管道破损，

油膜面积：10000m^2，

油膜厚度：5mm，

其他：舆情压力；

（5）承灾体：

临近海域水产品养殖：15000m^2，

人员伤亡：疑似接触碳九中毒人员52人，

水产：肖厝村海域水产品及渔排区域里的受污网箱及浮球；

（6）救援力量：

①溢油清污：出动船舶、人员在溢油扩散范围内投放吸油毡、清油剂（假设），

结果：受影响海域漂浮的油污已基本完成清理；

②人员治疗：按照裂解碳九的治疗方案组成医疗小组，开通绿色通道，方便群众就医，同时增调医疗力量，并根据此类患者的症状及病情轻重程度，分类（门诊治疗或住院留观治疗）予以处理，

结果：患者病情平稳或好转；

③海洋水质状况监测：福建省海洋与渔业监测中心在养殖区抽取 3 个样品进行初检，根据检测规程需连续两周检测无碳九残留物，方可解除管制，

结果：有碳九残留物，为确保食品安全，泉港区已暂缓受影响海域网箱养殖水产品起捕、销售、食用；

④水产品管制；a. 市、区两级海洋与渔业执法人员对肖厝村海域和码头实施 24 小时巡查值守，禁止肖厝村海域水产品采捕上岸；b. 继续开展肖厝村水产品质量抽样检测；c. 执行最严格的水产品质量安全标准，尽快组织国内专家对肖厝村水产品安全进行风险评估；d. 对肖厝村海域少量死亡的水产品开展集中卫生填埋处理；

⑤水产养殖赔偿；

结果：溢油污染基本清除，水产监测持续。

4. 情景 3

（1）时间：2018 年 11 月 9 日；

（2）地点：泉州市泉港区东港石化公司码头临近区域（118.985°E，25.187°N）；

（3）孕灾环境：

海面温度：15~20℃（假设），

风场：E 1 m/s 波动（假设），

流场：E 5 m/s 波动（假设）；

（4）致灾因子：

溢油量：1t,

油品类型：工业用裂解碳九产品，

溢油类型：码头溢油，

溢油原因：输油管道破损，

油膜面积：15000m^2,

油膜厚度：0.01mm,

其他：舆情压力；

（5）承灾体：

水产：肖厝村海域水产品及渔排区域里的受污网箱及浮球，

临近海域水产品养殖：20000m^2；

（6）救援力量：

①油污清理：再次出动人员 400 余人次，出动船只 60 多艘次，继续对岸边、渔排等区域的残留油污进行清理，重点为渔排区域的受污网箱及浮球；

②海洋水质状况监测：泉州海洋环境监测预报中心继续对肖厝网箱养殖区及界山镇、后龙镇、峰尾镇附近海域开展水质监测，并加强对山腰盐场附近海域的水质监测；

结果：肖厝码头海域监测点及惠屿岛周边 1 个监测点海水石油类处于第三类水质范围，化学需氧量处于第一类海水水质范围；辖区其他海域的 10 个监测点海水石油类处于第一（二）类海水水质范围，化学需氧量处于第一类海水水质范围；

③大气状况监测：泉州市环境监测站对空气中挥发性有机物（VOCs）含量展开应急监测；

结果：上西村（11 时）0.1612mg/m³，峰前村（11 时）0.1193mg/m³，肖厝村（11 时）0.1735mg/m³，肖厝村（12 时）数据为 0.1416mg/m³，肖厝村（15 时）数据为 0.0597mg/m³；

结果：溢油污染基本清除，水产监测持续。

5. 情景 4

（1）时间：2018 年 11 月 14 日；

（2）地点：泉州市泉港区东港石化公司码头临近区域（118.985°E，25.187°N）；

（3）孕灾环境：

海面温度：15~20℃（假设），

风场：E 1 m/s 波动（假设），

流场：E 5 m/s 波动（假设）；

（4）致灾因子：

溢油量：0t，

油品类型：工业用裂解碳九产品，

溢油类型：码头溢油，

溢油原因：输油管道破损，

油膜面积：0m²，

油膜厚度：0mm；

（5）承灾体：

水产：肖厝村海域水产品及渔排区域里的受污网箱及浮球；

（6）救援力量：

环境监测：2018 年 11 月 14 日，在泉港 1 号至 3 号监测站点，抽取水样中的特征有机污染物，检出浓度分别为 0.014mg/L、0.009mg/L、0.006mg/L，比 4 日分别下降 91%、97.6%、81.4%。12 日采样的养殖水产品中的特征有机污染物检出浓度分别为 0.848mg/kg、0.102mg/kg、0.026mg/kg，比 4 日分别下降 40.3%、88.1%、84.7%；

结果：最新水样中筛查出的特征有机污染物为双环戊二烯，养殖水产品中筛查出的特征有机污染物包括以芳香族化合物为主的多种石油类物质，如苯乙烯、萘、α-甲基苯乙烯、双环戊二烯；

结果：溢油污染基本清除，水产监测持续。

6.2.4 碳九事件情景推演

1. 海上溢油灾害事件链综合风险推演

将海上溢油灾害的次生衍生事件分为环境、动植物、人类健康、危险化学品仓储及运输、核电站、海上交通、旅游业、沿岸工业、涉外事件和群体性事件 10 大类，共 29 子类。第 3 章表 3.1 为海上溢油次生衍生事件触发分析表，通过次生衍生事件触发分析，能够在情景推演过程中预测当前情景有可能发生的所有次生衍生事件。

　　将海上溢油灾害的各类次生衍生事件用 Petri 网的形式可视化表达后，形成海上溢油灾害事件链 Petri 网，如图 6.24 所示，各库所（P）与变迁（T）的含义见表 6.17。

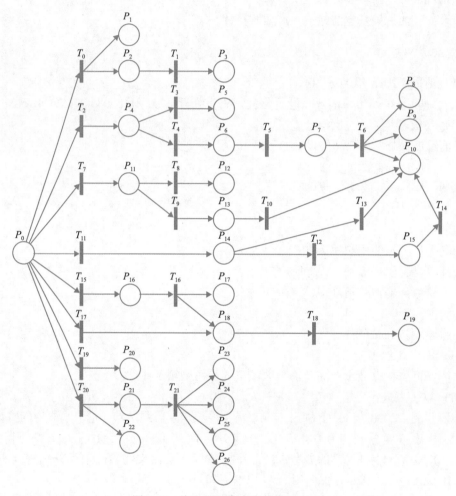

图 6.24　海上溢油灾害事件链 Petri 网

表 6.17　　　　　　　　　　各库所（*P*）和变迁（*T*）含义

P（库所）	含　义	*T*（变迁）	含　义
P_0	溢油	T_0	自然保护区
P_1	生态破坏	T_1	死亡动物未及时处理
P_2	野生动植物死亡	T_2	溢油量
P_3	动物疫情事件	T_3	城市供水水源区
P_4	水域污染	T_4	水产养殖区

续表

P（库所）	含　义	T（变迁）	含　义
P_5	城市水源供水中断	T_5	流入市场
P_6	水产死亡	T_6	负面网络舆情
P_7	食品污染事件	T_7	挥发性
P_8	市场急剧波动	T_8	救援人员
P_9	周围水产品滞销	T_9	沿海居民区
P_{10}	群体性事件	T_{10}	负面网络舆情
P_{11}	空气污染	T_{11}	易燃性
P_{12}	救援人员中毒	T_{12}	人员存在
P_{13}	群体性中毒事件	T_{13}	负面网络舆情
P_{14}	危化品爆炸起火	T_{14}	负面网络舆情
P_{15}	人员伤亡	T_{15}	海上交通区域
P_{16}	海上交通中断	T_{16}	直接触发
P_{17}	货运中断	T_{17}	风景名胜区
P_{18}	旅游业受损	T_{18}	直接触发
P_{19}	相关服务业受损	T_{19}	争议海域
P_{20}	涉外事件	T_{20}	岸线
P_{21}	岸滩污染	T_{21}	沿岸产业区
P_{22}	土壤污染		
P_{23}	工业生产受损		
P_{24}	学校停课		
P_{25}	运输业受损		
P_{26}	市场不稳定		

2. 海上溢油灾害事件贝叶斯网络分析

海上溢油灾害事件具有突发性、动态性、因果性等特点，因此事故态势的研究是一个不确定性问题，不但包含人们已知的确定信息（时间、气象、海况等），也存在一些操作失误、溢油污染、火灾等未知的不确定信息。贝叶斯网络可以在不完整或不确定信息下利用随机变量间的关系，更新节点概率，保障推断结果的可靠性，从而为情景演化提供一定的依据。

1）贝叶斯网络风险评价

（1）确定网络结构。

在对所提出的问题应用贝叶斯网络之前，首先需要对目标问题建立网络模型，并对其相关知识展开描述，海洋环境复杂，影响问题的变量非常多，需要尽可能多地囊括有影响的变量。其构造方法有两种，一种是通过专家经验知识构造，另一种是通过历史统计数据分析构造。

目前主要利用历史案例和专家知识确定关键变量及变量间的关系。图 6.25 为一个简单的围绕溢油后发生火灾爆炸等后果可能性问题的贝叶斯网络模型。

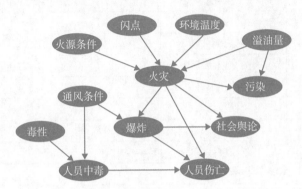

图 6.25　海上溢油灾害事件链贝叶斯网络简单模型

（2）确定节点变量取值范围。

确定节点后要依据数据列出每个节点的状态取值，并将其离散化表示，节点的取值是一个完整状态空间的划分，且不同取值之间相互独立，节点取值目前主要依据相关标准规定、知识规则和经验判定。如溢油量的划分可依据国内海上溢油的等级划分标准，对于环境变量可依据一定的模型规则，将污染程度分为严重、一般严重、不严重三个等级，详见表 6.18。

表 6.18　　　　　　　　　　　　　　节点变量取值

节点名称	状　态
闪点（℃）	0~28，28~60，60~100
环境温度（℃）	−10~0，0~10，10~30，30~40
溢油量（t）	0~10，10~100，100~1000，1000~10000
火源条件	Yes，no
火灾	Yes，no
通风条件	Good，bad
爆炸	Yes，no
毒性	Lvl1（毒性小），lvl2（毒性一般），lvl3（毒性大）
人员中毒	Yes，no
污染	严重，一般，不严重
人员伤亡	Yes，no
社会舆论	Yes，no

（3）确定条件概率表。

在网络节点确定之后，需要确定贝叶斯网络节点条件的概率分布，这也是建立贝叶斯网络模型的重要环节之一。条件概率的计算需要大量样本数据来满足各种条件需求，而溢油中的问题大多是由某种潜在的因素凸显造成的，造成问题的影响因素有很多，一些潜在的、在以往事故中没有显现的因素并不表示没有影响，仅依靠少量统计资料计算节点的条件概率是不准确的，目前节点的条件概率可由专家经验直接给定，但存在一定的主观性，对于没有父节点的贝叶斯网络节点给予先验概率，以下概率为部分模拟示例，见表6.19和表6.20。

表6.19　　　　　　　　　　部分节点模拟条件概率（闪点）

闪点（℃）	概率	溢油量（t）	概率	环境温度（℃）	概率
0~28	0.3	0~10	0.3	-10~0	0.1
28~60	0.5	10~100	0.3	0~10	0.2
60~100	0.2	100~1000	0.4	10~30	0.6
		1000~10000	0.1	30~40	0.1

表6.20　　　　　　　　　　部分节点模拟条件概率（毒性）

毒性	通风条件	人员中毒（yes, no）
Lvl1	Good	(0.1, 0.9)
	Bad	(0.15, 0.85)
Lvl2	Good	(0.15, 0.85)
	Bad	(0.3, 0.7)
Lvl3	Good	(0.2, 0.8)
	Bad	(0.5, 0.5)

（4）贝叶斯网络示例。

图6.26为基于Nectica-J构建的用于海上溢油灾害事件风险评价的贝叶斯网络，模拟了部分条件概率，改变证据变量，则相关概率会发生变化。如图6.27所示，当已知证据变量溢油量在100~1000t时，将其概率设为1，则其他相关概率会发生改变，可以看到各种风险后果的概率都增大了。

2）可靠性分析

（1）清污任务评估。

在溢油应急处理过程中，现场指挥中心向清污队伍发出应急处理命令，清污队伍按照指令完成相应的任务，如果在规定的时间内，清污队伍完成相应的指令要求，则该任务成功。但是在实际过程中，可能出现特殊情况，导致不能按时有效完成。同样，应急指挥中心调派巡逻艇，特殊情况下也有可能失效，图6.28所示为贝叶斯网络评估清污任务。

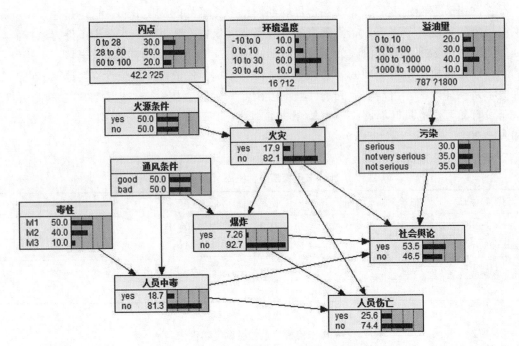

图 6.26　海上溢油灾害事件贝叶斯网络

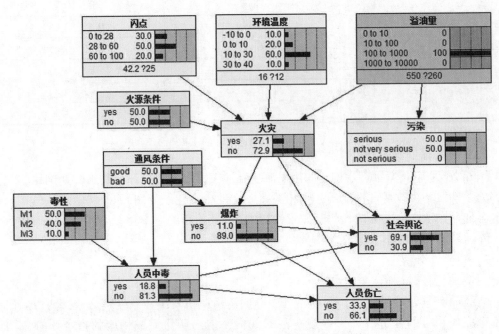

图 6.27　溢油量为 100～1000t 时的风险评估

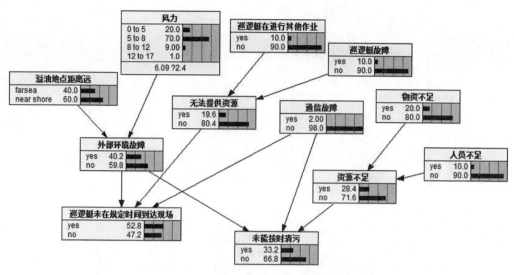

图 6.28　贝叶斯网络评估清污任务

（2）组织可靠性评估。

组织可靠性是综合考虑应急过程中涉及的子组织群体决策和子组织之间联系的可靠性，在船舶溢油应急处置的四个阶段（事故报告阶段、应急计划启动阶段、溢油清除方案制定阶段、溢油清除方案执行阶段），组织成员构成在各阶段基本保持稳定，但不同阶段组织构成又会发生变化，因此先用贝叶斯网络对各阶段组合可靠性建模，然后采用动态贝叶斯网络对四个阶段整体组合建模，衡量任意时间基于组织视角的船舶溢油应急的可靠性。图 6.29 所示为船舶溢油应急过程中子组织内可靠性（子组织在规定的时间内完成预案既定目标或专家认可目标的概率）和子组织间可靠性（组织间信息联系或指挥控制联系与预案既定目标或专家认可目标的符合程度）的组合可靠性贝叶斯网络结构。

（3）海底管道溢油后果综合评估。

海底管道泄漏时，首先需要确定发生管道泄漏的产品状态是气态还是液态，不同状态后果不同。多数情况下，海底管道泄漏造成最严重的影响是对环境敏感区的影响，泄漏物的种类、距离敏感区的距离以及减少泄漏破坏的能力决定了海底管道的泄漏危害，对于油类介质要考虑油品特性、扩散之后对各类环境敏感区的危害以及泄漏之后的应急反应，主要包括围控回收溢油等，对于应急控制主要从组织指挥系统、应急资源与应急队伍能力三个方面评估，图 6.30 所示为综合评估贝叶斯网络结构。

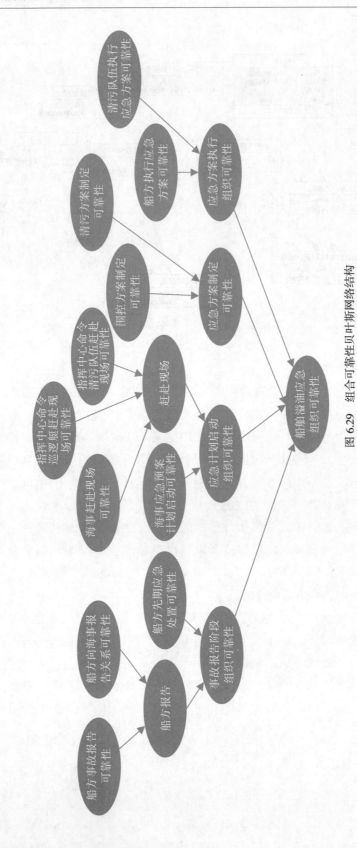

图 6.29　组合可靠性贝叶斯网络结构

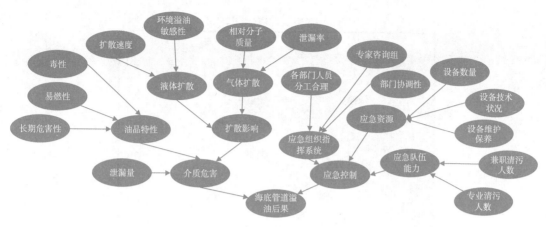

图 6.30 综合评估贝叶斯网络结构

§6.3 浒苔灾害典型案例情景推演

6.3.1 我国黄海浒苔灾害典型情景构建

浒苔灾害是一种缓慢发展的海洋灾害，其生长过程可分为"初现—发展—爆发—衰退—消亡"五个阶段，因此，基于此五个阶段来构建浒苔的典型情景，包含黄海浒苔典型漂移路径，浒苔五阶段发生的时间、中心位置以及各阶段浒苔的覆盖和分布情况等。根据我国黄海浒苔历史发生情况，得到浒苔灾害五阶段最有可能出现的时间分别为：5月15日、6月4日、6月27日、7月16日、8月8日左右。

1. 我国黄海浒苔灾害典型漂移路径构建

构建浒苔典型漂移路径就要得到浒苔灾害五阶段覆盖范围的中心位置，然后按时间顺序连接。提取出历史各年浒苔灾害五阶段覆盖范围的中心位置后，各阶段典型情景的中心位置利用式（6.15）计算得到：

$$\begin{cases} X = \dfrac{1}{n} \sum_{i}^{n} x_i \\ Y = \dfrac{1}{n} \sum_{i}^{n} y_i \end{cases} \tag{6.15}$$

式中，n 为过去 n 年的历史数据；i 表示第 i 年的数据；(x_i, y_i) 表示第 i 年浒苔该阶段的中心位置。

根据 2014—2019 年我国黄海历史数据得到典型漂移路径，包括浒苔灾害五阶段覆盖中心的漂移情况以及浒苔出现的最低纬度点和消散的最高纬度点，如图 6.31 所示。

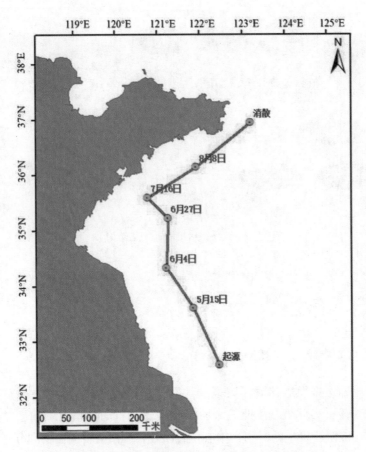

图 6.31　我国黄海浒苔灾害典型漂移路径

2. 我国黄海浒苔灾害五阶段典型情景

浒苔灾害五阶段典型情景依据历史情景构建，分别求得历史五阶段情景的综合平均分布情况，定位到其中心位置，即可得到浒苔灾害五阶段典型情景。

提取出每一阶段浒苔灾害典型情景的信息后，为更好地描述情景并便于分析，定义以下要素：①浒苔与最近邻城市距离为浒苔中心点与该城市海岸线切线之间的最短距离；②浒苔的漂移速度为浒苔在该时期向下一时期漂移期间每天的平均速度；③浒苔生长/衰减速度为浒苔在该时期与下一时期之间浒苔覆盖面积每天的平均变化量。以下分别对浒苔灾害每一阶段的典型情景进行具体描述和相关分析。

（1）浒苔初现期典型情景：时间为 5 月 15 日左右，中心位置为 121.904° E，33.69079°N 附近，最邻近城市为盐城市，距离约 140 km，漂移速度约 7.5 km/d，漂移方向为北偏西；覆盖面积为 11.286 km²，分布面积为 3782.828 km²，浒苔生长速度约 9.9 km²/d。

（2）浒苔发展期典型情景：时间为 6 月 4 日左右，中心位置为 121.3023°E，34.41598°N 附近，仍然距离盐城市最近，距离约为 117km；漂移速度约 4.3 km/d；漂移方向为北偏东；覆盖面积为 199.700 km²，分布面积为 18177.09 km²，浒苔生长速度约 10.3 km²/d。

（3）浒苔暴发期典型情景：时间为 6 月 27 日左右，中心位置为 121.3148°E，35.30489°N 附近，最邻近城市为青岛市，距离约为 140km；漂移速度约 4.0 km/d；漂移方向为北偏西；覆盖面积为 437.215 km²，分布面积为 40958.193 km²，浒苔衰减速度约 16.7 km²/d。

（4）浒苔衰退期典型情景：时间为 7 月 16 日左右，中心位置为 120.8543°E，35.67337°N 附近，最邻近城市为青岛市，距离约为 72km；漂移速度约 6.0 km/d，漂移方向为东偏北；覆盖面积为 137.136 km²，分布面积为 11992.04 km²，浒苔衰减速度约 5.3 km²/d。

（5）浒苔消亡期典型情景：时间为 8 月 8 日左右，中心位置为 121.3023°E，34.41598°N 附近，覆盖面积为 10.439 km²，分布面积为 788.213 km²，浒苔在中心点附近逐渐消失。

初现期浒苔的相对密度较低，分布较为零散，因此漂移速度较快，随着海风和海流迅速向山东半岛南部海域漂移。同时因为此时海温逐渐升高，环境越来越适宜，浒苔的生长速度较快。到达发展期后，浒苔已经相对聚集，漂移速度变慢，仍然向北移动，逐渐抵达山东半岛。此时海温达到了浒苔生长的最适温度，因此浒苔生长速度逐渐达到最快直至暴发。暴发期为浒苔生长的最鼎盛时期，覆盖面积和分布面积达到最大并可能登陆，对岸滩环境造成污染，通常此时会通过打捞和拦截等方式进行有效治理，浒苔也由此开始快速衰减，进入衰退期。剩余浒苔继续向东北方向漂移，由于海温变低，逐渐低于浒苔生长的适宜温度，浒苔量继续减少，并在消亡期中心点附近慢慢消亡。

6.3.2 2008 年黄海浒苔灾害情景推演

在总结浒苔灾害事件典型情景的基础上，选择 2008 年黄海浒苔灾害事件为案例，展开情景推演。通过资料搜集分析，提取了 2008 年浒苔灾害事件的重要发展节点，并在此基础上总结了对应的关键情景和推演情景，对其中部分情景要素进行合理假设，以便重现事件推演的过程。

1. 案例概述

1）2008 年黄海浒苔灾害事件概述

2008 年登陆青岛的大规模绿潮对当时即将开幕的奥运会帆船比赛（以下简称奥帆比赛）的顺利进行造成了重大影响，为保障奥帆比赛顺利进行，青岛市政府于 6 月底在海上布设围油栏，铺设的围油栏总长度达到 32000m。并投入大量人力、物力打捞浒苔，平均每天参与打捞和运输的人员超过 1 万人，投入保洁船、驳船、运输船 1000 多艘，驻青部队每天出动官兵 4000 余人和 100 多部运输车辆。青岛市政府组织了大量人力、物力进行绿潮的打捞和清除，清理绿藻上百万吨。

截至 7 月 21 日，国家海洋局共投入 1171 人、25085 人次，出动海监飞机 7 架，飞行 87 架次、时长 251 小时 56 分、航程 57028km，监视面积 301248km²，出动中国海监船舶 11 艘、156 航次，租用渔船 49 艘次，总航程 31516nmile，监视面积 144595km²。由于浒苔大面积漂浮，在其大量死亡后，会消耗海水中的溶解氧，进而导致其他海洋生物的死亡，对近海养殖业造成致命的打击。2008 年黄海海域的浒苔导致海水养殖的扇贝和鱼类，特别是鲍鱼大量死亡，给渔民造成了较大经济损失。浒苔严重影响了景观，给旅游业造成了损失。

2）黄海浒苔灾害事件发展过程

2008 年黄海海域浒苔始发于 5 月中旬，分布在黄海中南部 122°~122°30′E，33°N 水域，离青岛市 175km，浒苔的面积最初只有 2km²，之后范围不断扩大，并逐渐向西北方向移动。

5 月 30 日，"中国海监" B-3843 机巡航时在黄海大公岛距青岛约 150nmile 海域发现大面积海域海水异常，海面有大量绿色带状水体分布。

5 月 31 日上午，国家海洋局北海监测中心监测人员乘海监 11 船前往现场，进行了监视监测，结果显示：异常区域零散分布着大小不一块状或带状的黄绿色大型海藻漂浮物。对采集的水样及海藻样品分析后，确定该海藻为浒苔。

6 月 12 日，巡航发现大公岛附近出现零星、片状分布的漂入浒苔，青岛市随即调动了保洁船进行应急清除。

6 月 14 日，大片的漂入浒苔开始进入青岛近岸海域，最大影响面积约为 $1.3×10^4$km²，实际浒苔覆盖面积约为 400km²。青岛市随即启动应急预案，积极应对浒苔漂入。此后，清理人力及船只数量不断增加。

6 月中下旬，大规模浒苔水华开始在山东半岛外海，特别是胶州湾外海域大量出现，并影响青岛海域，到达青岛奥帆赛区附近海域，浒苔范围最大达到 800km²。估计水华总生物量达到数百万吨。

7 月 1 日，青岛市政府召开新闻发布会，将在奥帆赛场外围布设围油栏进行围控。

7 月 2 日，青岛动员全市上下紧急行动起来，以完成清理处置浒苔任务。

7 月 5 日，青岛市港航管理局在青岛市政府举行的新闻发布会上说，青岛海上浒苔清理已经开始由传统网具打捞转为机械化作业。

7 月 7 日，青岛明确表示：7 月 15 日之前要将奥帆赛场地内的 50km² 海域内浒苔打捞干净。

7 月 12 日，以往大面积聚集的浒苔不见踪影，疯狂侵袭青岛海域的浒苔被击退。之后随着海上浒苔捕捞作业的顺利进行，浒苔范围逐渐减小。

7 月中下旬，青岛奥帆赛区警戒水体范围内已无明显的浒苔分布，黄海海域的浒苔范围也明显减小，并向东北方向漂移。随即灾害事件结束。

2. 情景构建

1）初始情景

（1）时间：2008 年五月中旬至 2008 年 5 月 29 日；

（2）地点：黄海中南部；

（3）孕灾环境：

海面温度：20℃（假设），

风场：E 1 m/s（假设），

流场：E 5 m/s（假设）；

（4）致灾因子：

浒苔量：0.1t，

浒苔覆盖面积：2km²，

浒苔分布面积：100km²，

漂移方向：西北，

与最近重点沿海城市距离：青岛市，175km；

（5）承灾体：

临近敏感资源区：无，

救援力量：无。

结果：浒苔覆盖范围不断扩大，并逐渐向西北方向移动。

2）情景1

（1）时间：2008 年 5 月 30 日至 2008 年 6 月 13 日；

（2）地点：黄海大公岛；

（3）孕灾环境：

海面温度：21℃（假设），

风场：E 1 m/s（假设），

流场：E 5 m/s（假设）；

（4）致灾因子：

浒苔量：10t，

浒苔覆盖面积：2km²，

浒苔分布面积：1000km²，

漂移方向：西北，

与最近重点沿海城市距离：青岛市，150km。

（5）承灾体：

临近敏感资源区：无，

救援力量：

①5 月 31 日上午，国家海洋局北海监测中心监测人员乘海监 11 船前往现场，进行了监视监测；

②青岛市调动了保洁船进行应急清除。

结果：大片的漂入浒苔开始进入青岛近岸海域。

3）情景 2

（1）时间：2008 年 6 月 14 日至 2008 年 7 月 12 日；

（2）地点：青海近岸；

（3）孕灾环境：

海面温度：25℃（假设），

风场：E 1 m/s 波动（假设），

流场：E 5 m/s 波动（假设）；

（4）致灾因子：

浒苔量：数百万吨，

浒苔覆盖面积：800km^2，

浒苔分布面积：13000km^2，

漂移方向：东北，

与最近重点沿海城市距离：青岛市，50km；

（5）承灾体：

临近敏感资源区：青岛奥帆赛区附近海域，海水养殖区，旅游娱乐区。

救援力量：

①青岛市启动应急预案。

②青岛市政府于 6 月底在奥帆赛场外围布设围油栏，铺设的围油栏总长度达到 32000m。

③投入大量人力、物力打捞浒苔，平均每天参与打捞和运输的人员超过 1 万人，投入保洁船、驳船、运输船 1000 多艘，驻青部队每天出动官兵 4000 余人和 100 多部运输车辆。

结果：对近海养殖业造成致命打击，严重影响景观，给旅游业造成了损失。对青岛奥帆赛的举办带来了不利影响。经过应急处置，以往大面聚集的浒苔不见踪影，疯狂侵袭青岛海域的浒苔被击退。之后随着海上浒苔捕捞作业的顺利进行，浒苔范围逐渐减小。

4）情景 3

（1）时间：2008 年 7 月 13 日至 2008 年 7 月 29 日；

（2）地点：青岛沿岸；

（3）孕灾环境：

海面温度：15~20℃（假设），

风场：E 1 m/s 波动（假设），

流场：E 5 m/s 波动（假设）；

（4）致灾因子：

浒苔量：10t，

浒苔覆盖面积：8km^2，

浒苔分布面积：50km^2，

漂移方向：东北，

与最近重点沿海城市距离：青岛市，10km；

（5）承灾体：

临近敏感资源区：青岛近岸海域。

救援力量：中国海监船舶对青岛近海海域继续监视，总航程达 31516nmile，监视面积 144595km^2。

结果：青岛奥帆赛区警戒水体范围内已无明显的浒苔分布，黄海海域的浒苔范围明显减小，并向东北方向漂移并逐渐消亡。

3. 情景推演

根据以上关键节点，构建关键情景，并在关键情景的基础上，构建情景要素质变、突变情况下的推演情景，包括救援力量变化的情景等，情景推演基于情景驱动要素的变化，2008 年浒苔灾害事件情景推演过程如图 6.32 所示，推演具体情景如图 6.33 所示，图中红色部分表示致灾因子，黄色部分表示承灾体，蓝色部分表示孕灾环境，绿色部分表示救援力量，连接情景的线表示情景间的关键驱动要素。

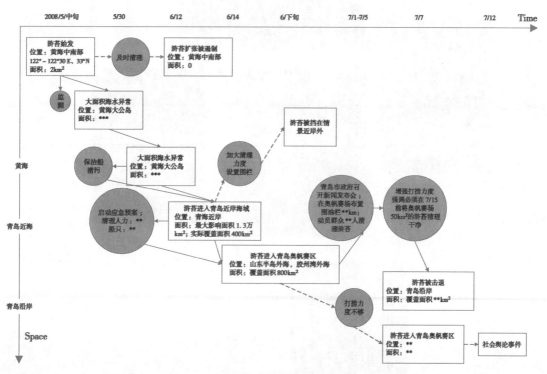

图 6.32 浒苔灾害事件情景推演过程示意图

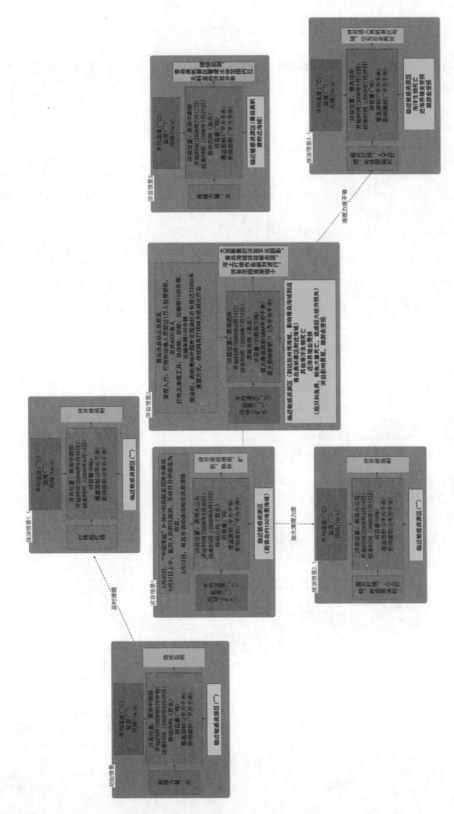

图6.32　浒苔灾害事件情景推演具体示意图

6.3.3　2021 年浒苔灾害情景推演

1. 案例概述

2021 年黄海浒苔与往年黄海绿潮发生情况相比，分布面积大，范围广，生物量高，持续时间长，灾害规模已远超往年，创历史新高。

2021 年 4 月末 5 月初，在江苏南通海域发现漂浮浒苔。5 月中上旬，浒苔逐渐聚集，分布面积不断扩大，至 5 月 19 日，浒苔覆盖面积超 400km²，分布面积达到 8500km²。

6 月上旬，浒苔陆续影响山东半岛沿海，分布面积保持在较高水平；6 月 11 日，青岛市崂山湾附近海域，浒苔成规模漂浮。6 月 19 日，浒苔覆盖面积达到最大值，为 2586km²；7 月 1 日，浒苔分布面积达到最高水平，为 50481km²。

截至 7 月 3 日，青岛市累计出动船只 7300 余艘次，打捞浒苔约 24 万吨。7 月中旬，为青岛浒苔聚集的高峰期：青岛管辖海域浒苔最大覆盖面积达 1746km²，青岛每天派出 400 余艘船在海上打捞，日打捞量高达 3 万吨。

7 月中下旬，浒苔分布面积逐渐减小，进入消亡期；8 月上旬，浒苔基本消亡。

2. 情景构建

针对浒苔灾害的特性，构建了浒苔灾害情景模板，见表 6.21。

表 6.21　　　　　　　　　　　　　　**浒苔灾害情景模板**

	情景要素	情景要素属性	数据格式
	基本要素	情景名称、ID、时间、位置	字符型/日期型/数值型
致灾因子	浒苔	浒苔中心点、覆盖面积、分布面积	字符型/数值型
	覆盖范围	覆盖面积大小、范围	Shapefile（面）
	分布范围	分布面积大小、范围	Shapefile（面）
承灾体	岸滩	名称、类型、位置	Shapefile（面）
	港口码头	名称、类型、位置	Shapefile（点）
	旅游区	名称、类型、位置	Shapefile（点）
	养殖区	名称、类型、位置	Shapefile（面）
	海上运输航道	名称、类型、位置	Shapefile（线）
	海上重大活动区	名称、类型、位置	Shapefile（点）

为确保浒苔灾害的情景推演更有意义，需要选取特征明显的关键发展节点作为情景推演的关键情景。根据上一节整理的案例，选取 2021 年 5 月 22 日的浒苔监测数据作为初始情景，6 月 4 日作为发展情景，7 月 1 日作为暴发情景。结合收集的数据与预处理的结果，2021 年浒苔灾害的三个阶段情景数据见表 6.22。

表 6. 22 2021 年浒苔灾害三阶段情景数据表

情景要素	详 细 数 据		
情景名称	初始情景	发展情景	暴发情景
情景编号	S_0	S_1	S_2
时间	2021. 5. 22	2021. 6. 4	2021. 7. 1
经纬度	121. 137°E，34. 036°N	121. 316°E，34. 798°N	121. 296°E，35. 207°N
覆盖面积（km^2）	287	1563. 25	445. 165
分布面积（m/s）	9712. 094	27710. 77	50481. 927

3. 情景推演

1）浒苔灾害情景匹配

浒苔灾害情景匹配指的是依据监测构建的初始情景到浒苔灾害情景库中去匹配相似的情景。因我国浒苔灾害发生的地域、时间较为固定，大多于每年的 5 月—8 月间发生于黄海海域内。其漂移扩散受天气的影响，同一时间黄海海域每年的海温、降水、流场、风场等都有一定的规律性，这就使得该区域内浒苔灾害的发生发展情况也有规律可循。

基于浒苔灾害情景库中所存储的信息，结合浒苔灾害自身的特点，确定浒苔灾害情景匹配的属性字段为：情景所处时间、情景中心点位置、覆盖面积以及分布面积大小；以上信息可以确定浒苔灾害的发展程度以及预测未来可能的发展趋势。利用不同属性的特征，确定浒苔情景匹配算法，使得当前监测情景可以到浒苔灾害情景库中匹配到相似度最高的情景，从而明确目前浒苔灾害所处阶段，查看灾害后续发展情况、消亡时间等信息。匹配情景的后续发展情景，通过搜索情景库中同一年的情景并按照时间顺序排序，返回匹配情景后续时间的一系列情景并连接显示。

匹配度 match 的计算公式如下：

$$\text{match} = \left[1 - \frac{|t_i - t_0| \times 0.1 + \sqrt{(x_i - x_0)^2 + (y_i - y_0)^2} + |c_i - c_0|/c_0 + |d_i - d_0|/d_0}{4}\right] \times 100\%$$

(6. 16)

式中，t_i、t_0 分别表示情景库中情景时间、监测情景时间在当年所对应的天数；x_i、y_i 和 x_0、y_0 分别表示情景库中情景中心点经纬度、监测情景中心点经纬度；c_i、c_0 分别表示情景库中情景覆盖面积、监测情景覆盖面积；d_i、d_0 分别表示情景库中情景分布面积、监测情景分布面积。

2）情景匹配实例

以 2021 年 7 月 1 日的监测数据构建的情景为例，到情景库中匹配得到匹配度最高的两个情景对比情况，见表 6. 23。

表 6.23 情景匹配结果

情景 ID	情景时间	情景中心点 （经度，纬度）	覆盖面积（km²）	分布面积（km²）	所处阶段	匹配度
监测情景	2021-07-01	121.296，35.207	445.165	50481.927	无	无
52	06~28	121.244，35.538	381.747	29820.222	发展期	70.32%
88	06~23	121.503，34.905	520.890	70116.277	暴发期	56.88%

依据 2021 年 7 月 1 日监测情景的匹配结果及匹配度最高情景的后续发展情况，可知此时浒苔很可能处于发展期与暴发期之间，仍会继续生长扩散，灾害将进一步加重，其中心点会向北继续移动，灾害可能影响地区的有关部门应提前做好相应的准备工作，及时有效地对浒苔进行清理拦截等。

3）浒苔灾害事件链分析

浒苔灾害的事件链分析着重描述浒苔分布范围内承灾体受影响的情况。可能受损的承灾体主要为养殖区（渔场）、航道、旅游区；此外，港口码头、岸滩、海上重大活动区等也是浒苔可能威胁到的地方。当浒苔灾害严重影响到上述承灾体时，就会引发一些次生衍生事件，例如：导致旅游业、海上运输业受损；进一步地，可能会使得该地区的投资减少，影响地区经济发展等。因此，依据监测数据以及情景演化模拟的结果，及时判断浒苔当前及未来可能引发的次生衍生灾害尤为重要。目前，以养殖区和旅游区为例，表 6.24 统计了 2021 年 7 月 1 日的浒苔灾害对承灾体的影响情况。

表 6.24 承灾体受损统计表

承灾体	受损级别	数量（个）
旅游区	轻微受损	1
养殖区	轻微受损	3
	严重受损	2

§6.4 本章小结

本章总结了我国东南沿海风暴潮灾害、海上溢油灾害以及我国黄海浒苔灾害三种大型海洋灾害的情景过程，并构建了典型情景。首先，每一种灾害以 1~2 个案例具体展开，结合灾害发生的重要节点，构建相关情景；然后，从事件链、风险分析等不同角度，利用 ST-DCFPN、贝叶斯网络、情景匹配及分析等方法针对不同的灾害进行情景推演。推演结果包括事件链的断链减灾、综合风险评估、应急疏散方案等，可为相关灾害的应急处置提供决策支持。

参 考 文 献

［1］ Adger W N. Vulnerability ［J］. Global Environmental Change, 2006, 16 （3）: 268-281.

［2］ Aloise D, Deshpande A, Hansen P, et al. NP-hardness of Euclidean sum-of-squares clustering ［J］. Machine learning, 2009, 75 （2）: 245-248.

［3］ Alspaugh T A. Scenario networks and formalization for scenario management ［M］. North Carolina State University, 2002.

［4］ Beriman, L., J. Friedman, C. J. Stone, R. A. Olshen. Classification and Regression Trees ［M］. London: Chapman&Hall/ CRC, Boca Raton, FL. 1984.

［5］ Bishop P, Hines A, Collins T. The current state of scenario development: an overview of techniques ［J］. Foresight, 2007.

［6］ Bradfield, R., Wright, G., Burt, G., et al. The origins and evolution of scenario techniques in long range business planning ［J］. Futures, 2005, 37: 795-812.

［7］ Bratman, M. Intentions, Plans and Practical Reasons ［M］. London: Harvard UP, 1987.

［8］ Brewer E. A certain freedom: thoughts on the CAP theorem ［C］. Proceedings of the 29th ACM SIGACT-SIGOPS symposium on Principles of distributed computing. 2010: 335.

［9］ Brodley, C. E and P. E. Utgoff. Multivariate decision trees ［J］. Machine Learning, 1995, 19 （1）: 45-77.

［10］ Brooks R. A robust layered control system for a mobile robot ［J］. IEEE Journal on Robotics and Antumation, 1986, 4 （1）: 52-57.

［11］ Bykov S, Geller A, Kliot G, et al. Orleans: A framework for cloud computing ［R］. Technical Report MSR-TR-2010-159, 2010.

［12］ Bykov S, Geller A, Kliot G, et al. Orleans: cloud computing for everyone ［C］. Proceedings of the 2nd ACM Symposium on Cloud Computing. 2011: 1-14.

［13］ C. J. Watkins and P. Dayan. Q-learning ［J］. Machine Learning, 1992, 8 （5）: 279-292.

［14］ Cai W, Zheng Y, Shi Y, et al. Threat Level Forecast for Ship's Oil Spill-Based on BP Neural Network Model ［C］. 2009 International Conference on Computational Intelligence and Software Engineering. IEEE, 2009: 1-4.

［15］ Chang A X, Manning C D. Sutime: A library for recognizing and normalizing time expressions ［C］. Lrec, 2012: 3735-3740.

［16］ Changfeng Yuan, Siming Ma, Yichao Hu, et al. Scenario deduction on fire accidents for oil-gas storage and transportation based on case statistics and a dynamic Bayesian network

［J］. Journal of Hazardous, Toxic, and Radioactive Waste, 2020, 24 (3): 0402 0004.

［17］ Chen Y , Zhang J , Zhou A , et al. A modeling method for a disaster chain—Taking the coal mining subsidence chain as an example ［J］. Human and Ecological Risk Assessment, 2018, 24 (222): 1-21.

［18］ Chen Y, Tang S, Bouguila N, et al. A fast clustering algorithm based on pruning unnecessary distance computations in DBSCAN for high-dimensional data ［J］. Pattern Recognition, 2018, 83: 375-387.

［19］ Cheng T, Wang P, Lu Q. Risk scenario prediction for sudden water pollution accidents based on Bayesian networks ［J］. International Journal of System Assurance Engineering and Management, 2018, 9 (5): 1165-1177.

［20］ Claudio Bettini, Oliver Brdiczka, Karen Henricksen, et al. A survey of context modelling and reasoning techniques ［J］. Pervasive and Mobile Computing, 2009, 6 (2): 161-180.

［21］ Colledanchise M, Ögren P. Behavior Trees in Robotics and AI: An Introduction ［M］. New York: Taylor & Francis Group, 2017.

［22］ Cooper G F, Herskovits E. A Bayesian method for the induction of probabilistic networks from data ［J］. Machine Learning, 1992, 9 (4): 309-347.

［23］ Cooper, G. F. The computational complexity of probabilistic inference using Bayesian belief networks ［J］. Artificial Intelligence, 1990, 42 (2-3): 393-405.

［24］ Coulouris G F, Dollimore J, Kindberg T. Distributed systems: concepts and design ［M］. Pearson Education, 2005.

［25］ Dai H, Wang C, Tian M, et al. Online Analysis on Temperature Anomaly of Oceanographic Hydro Survey Data ［J］. Advances in Geosciences, 2013, 3: 277-282.

［26］ Danilo Gambelli, Francesca Alberti, Francesco Solfanelli, et al. Third generation algae biofuels in Italy by 2030: A scenario analysis using Bayesian networks ［J］. Energy Policy, 2017: 103.

［27］ Davies A J, Hope M J. Bayesian inference-based environmental decision support systems for oil spill response strategy selection ［J］. Marine Pollution Bulletin, 2015, 96 (1-2): 87-102.

［28］ Dhanya Pramod, S. Vijayakumar Bharathi. Developing an Information Security Risk Taxonomy and an Assessment Model using Fuzzy Petri Nets ［J］. Journal of Cases on Information Technology (JCIT), 2018, 20 (3).

［29］ Douligeris C, Collins J, Iakovou E, et al. Development of OSIMS: an oil spill information management system ［J］. Spill Science & Technology Bulletin, 1995, 2 (4): 255-263.

［30］ Dzemyda, G., Sakalauskas, L. Optimization and knowledge-based technologies ［J］. Informatica, 2009, 20 (2): 165-172.

［31］ Echavarria-Gregory M A, Englehardt J D. A predictive Bayesian data-derived multi-modal Gaussian model of sunken oil mass ［M］. Elsevier Science Publishers B., 2015.

［32］ Ernest van den Haag. The Year 2000: A Framework for Speculation on the Next Thirty-three Years. by Herman Kahn; Anthony J. Wiener ［J］. Political Science Quarterly, 1967, 83 (4): 663.

［33］ Fang Y, Kao I L, Milman I M, et al. Single sign-on (SSO) mechanism personal key manager: U. S. Patent 6, 243, 816 ［P］. 2001.

［34］ Fingas, M. Oil Spill Science and Technology ［M］. 1st, ed. Oxford: Elsevier, 2011: 63-86, 275-299.

［35］ Finlay P N. Steps towards scenario planning ［J］. Engineering Management Journal, 1998, 8 (5): 243-246.

［36］ Friedman, N. , D. Geiger, and M. Goldszmidt. Bayesian network classifiers ［J］. Machine Learning, 1997, 29 (2-3): 131-163.

［37］ Wilson I. From Scenario Thinking to Strategic Action ［J］. Technological Forecasting & Social Change, 2000, 65 (1): 23-29.

［38］ Gabor Angeli, Melvin Johnson Premkumar, and Christopher D. Manning. Leveraging Linguistic Structure For Open Domain Information Extraction ［J］. In Proceedings of the Association of Computational Linguistics (ACL), 2015.

［39］ Gan J, Tao Y. DBSCAN revisited: Mis-claim, un-fixability, and approximation ［C］. Proceedings of the 2015 ACM SIGMOD international conference on management of data. 2015: 519-530.

［40］ Gilbert S, Lynch N. Perspectives on the CAP Theorem ［J］. Computer, 2012, 45 (2): 30-36.

［41］ Goerlandt F, Montewka J. A framework for risk analysis of maritime transportation systems: A case study for oil spill from tankers in a ship-ship collision ［J］. Safety Science, 2015, 76: 42-66.

［42］ Golson S. One-hot state machine design for FPGAs ［C］. Proc. 3rd Annual PLD Design Conference & Exhibit. 1993, 1 (3).

［43］ Gomide F. , Pedrycz W. A generalized fuzzy Petri net model ［J］. IEEE Transactions on Fuzzy Systems: A Publication of the IEEE Neural Networks Council, 1994, 2 (4).

［44］ Gruber T R. A translation approach to portable ontology specifications ［J］. Knowledge Acquisition, 1993, 5 (2): 199-220.

［45］ Guarino N. Understanding, Building, and Using Ontologies ［M］. Academic Press, Inc. , 1997.

［46］ Gülpinar, N. , Rustem, B. , Settergren, R. Simulation and optimization approaches to scenario tree generation ［J］. Journal of Economic Dynamics & Control, 2004, 28: 1291-1315.

［47］ H. Kahn, A. Wiener. The Year 2000 ［M］. New York: MacMillan Press, 1967.

［48］ H. Van Hasselt, A. Guez, D. Silver. Deep reinforcement learning with double Q-learning ［J］. AAAAI, 2016 (2): 5.

［49］ Hansen P F, Winterstein S R. Fatigue damage in the side shells of ships ［J］. Marine Structures, 1995, 8 (6): 631-655.

［50］ Heitsch, H.. Scenario reduction algorithms in stochastic programming ［J］. Computational Optimization and Applications, 2003, 24: 187-206.

［51］ Heitsch, H., Romisch W. Scenario tree modeling for multistage stochastic programs ［J］. Mathematical Programming: Series A and B, 2009, 2 (118): 371-406.

［52］ Helle I, Lecklin T, Jolma A. Modeling the effectiveness of oil combating from an ecological perspective - A Bayesian network for the Gulf of Finland; the Baltic Sea ［J］. Journal of Hazardous Materials, 2011, 185 (1): 182-192.

［53］ Huang K, Nie W, Luo N. A method of constructing marine oil spill scenarios from flat text based on semantic analysis ［J］. International Journal of Environmental Research and Public Health, 2020, 17 (8): 2659.

［54］ Hung P V, Kim K S, Tien L Q, et al. Distribution of oil spill response capability through considering probable incident, environmental sensitivity and geographical weather in Vietnamese waters ［J］. Journal of International Maritime Safety, Environmental Affairs, and Shipping, 2018, 2 (1): 31-41.

［55］ J. R. Finkel, T. Grenager, C. Manning. Incorporating Non-local Information into Information Extraction Systems by Gibbs Sampling ［J］. in Proc. ACL, 2005: 363-370.

［56］ Jianfeng Zhou, Genserik Reniers. Modeling and application of risk assessment considering veto factors using fuzzy Petri nets ［J］. Journal of Loss Prevention in the Process Industries, 2020: 67 (prepublish).

［57］ Jianxiu Wang, Xueying Gu, Tianrong Huang. Using Bayesian networks in analyzing powerful earthquake disaster chains ［J］. Nat. Hazards, 2013, 68 (2): 509-527.

［58］ Jin N K, Zhang H C. Comparison of AHP and reference point method in the environmental decision support model ［C］. Conference Record 2002 IEEE International Symposium on Electronics and the Environment. IEEE Computer Society, 2002.

［59］ K. Peters, L. Buzna, D. Helbing. Mathematical modelling of cascading effects and efficient response to disaster spreading in complex networks ［J］. International Journal of Critical Infrastructures, 2008, 4 (1/2): 46-62.

［60］ K. Toutanova and C. D. Manning. Enriching the Knowledge Sources Used in a Maximum Entropy Part-of-Speech Tagger ［J］. In Proc. EMNLP/VLC, 2000: 63-70.

［61］ Kenneth J. Plante, Lanette M. Price. Florida's Pollutant Discharge Natural Resource Natural Resource Damages Assessment. Compensation Schedule-a rational Approach to the Recovery of Natural Resource Damages ［C］. 1993 Oil Spill Conference: Prevention, Preparedness, Response, 1993: 717-720.

［62］ Kumar K M, Reddy A R M. A fast DBSCAN clustering algorithm by accelerating neighbor searching using Groups method ［J］. Pattern Recognition, 2016, 58: 39-48.

［63］ L. Maaten, G. Hinton. Visualizing data using t-SNE ［J］. Journal of Machine Learning

Research, 2008, 9: 2579-2605.

［64］ Lazaric, Alessandro, Marcello Restelli, Andrea Bonarini. Reinforcement learning in continuous action spaces through sequential monte carlo methods ［J］. Advances in Neural Information Processing Systems, 2008.

［65］ Lisa R. Kleinosky, Brent Yarnal, Ann Fisher. Vulnerability of Hampton Roads, Virginia to Storm-Surge Flooding and Sea-Level Rise ［J］. Natural Hazards, 2007, 40 (1).

［66］ M. Ester, H. -P. Kriegel, J. Sander, X. Xu, A density-based algorithm for discovering clusters in large spatial databases with noise ［J］. in: Kdd, 96, 1996: 226-231.

［67］ Millett, S. The future of scenarios: challenges and opportunities ［J］. Strategy & Leadership, 2003, 31 (2): 16-24.

［68］ Mingyue Tan, Jiming Li, Xiangqian Chen, et al. Power Grid Fault Diagnosis Method Using Intuitionistic Fuzzy Petri Nets Based on Time Series Matching ［J］. Complexity, 2019, 7: 1.

［69］ Mitra, S. (2006). A White Paper on Scenario Generation for Stochastic Programming.

［70］ Mnih V, Kavukcuoglu K, Silver D, et al. Human-level control through deep reinforcement learning ［J］. Nature, 2015, 518 (7540): 529-533.

［71］ Mnih V, Kavukcuoglu K, Silver D, et al. Playing atari with deep reinforcement learning ［J］. Computer Science, 2013, 1312.5602.

［72］ Montewka J, Weckstr M M, Kujala P. A probabilistic model estimating oil spill clean-up costs-A case study for the Gulf of Finland ［J］. Marine Pollution Bulletin, 2013, 76 (1-2): 61-71.

［73］ NATIONAL MARINE OIL SPILL CONTINGENCY PLAN. Australia's "National Plan to Combat Pollution of the Sea by Oil and Other Noxious and Hazardous Substances",2011, 1.

［74］ NATIONAL PLANNING SCENARIOS ［R］. National Federal, State and Local Homeland Security Preparedness Activities. 2005, 4.

［75］ Paulson P, Juell P. Reinforcement learning in case-based systems ［J］. IEEE Potentials, 2004, 23 (1): 31-33.

［76］ Pearl J. Graphical Models for Probabilistic and Causal Reasoning ［J］. Statistical Science, 1998.

［77］ Pennington J, Socher R, Manning C D. Glove: Global vectors for word representation ［C］. Proceedings of the 2014 conference on empirical methods in natural language processing (EMNLP). 2014: 1-5321543.

［78］ Preassessment Screening and Oil Compensation Schedule Regulations, Washington Administrative Code, 173-183.

［79］ Pustejovsky J, Ingria B, Sauri R, et al. The specification language TimeML ［J］. The language of time: A reader, 2005: 545-557.

［80］ R. Sarbatly, D. Krishnaiah, Z. Kamin. A review of polymer nanofibres by electrospinning and their application in oil-water separation for cleaning up marine oil spills

［J］. Marine pollution bulletin. 2016, 5 (1~2): 8-16.

［81］ Ren J, Jenkinson I, Wang J, et al. An Offshore Risk Analysis Method Using Fuzzy Bayesian Network ［J］. Journal of Offshore Mechanics & Arctic Engineering, 2009, 131 (4): 041101.

［82］ Rosenstein M T, Barto A G, Si J. Supervised actor-critic reinforcement learning ［J］. Learning and Approximate Dynamic Programming: Scaling Up to the Real World, 2004: 359-380.

［83］ Rozga S. Language Understanding Intelligent Service (LUIS)［M］. Practical Bot Development. Apress, Berkeley, CA, 2018.

［84］ S. Schuster, C. D. Manning. Enhanced English Universal Dependencies: An Improved Representation for Natural Language Understanding Tasks ［J］. in Proc. LREC, 2016: 2371-2378.

［85］ Schaul T, Quan J, Antonoglou I, et al. Prioritized experience replay ［J］. Computer Science, 2015.

［86］ Schulze R H, Horne M. Probability of Hazardous Substance Spills on Saint Clair/Detroit River System ［J］. 1982.

［87］ Schuster S, Manning C D. Enhanced english universal dependencies: An improved representation for natural language understanding tasks ［C］. Proceedings of the Tenth International ConferenceonLanguage Resources and Evaluation (LREC′16) . 2016: 2371-2378.

［88］ Schwartz P. The art of the long view: planning for the future in an uncertain world ［J］. Long Range Planning, 1991, 24 (6): 110-114.

［89］ Shabarchin O, Tesfamariam S. Internal corrosion hazard assessment of oil & gas pipelines using Bayesian belief network model ［J］. Journal of Loss Prevention in the Process Industries, 2016, 40: 479-495.

［90］ Shi Xianwu, Qiu Jufei, Chen Bingrui, et al. Storm surge risk assessment method for a coastal county in China: case study of Jinshan District, Shanghai ［J］. Stochastic Environmental Research and Risk Assessment, 2020 (prepublish).

［91］ Sigaud, O. , O. Buffet. Markov Decision Processes in Artificial Intelligence ［M］. Wiley, Hoboken, NJ. 2010.

［92］ Silver D, Huang A, Maddison C J, et al. Mastering the game of Go with deep neural networks and tree search ［J］. Nature, 2016, 529 (7587): 484.

［93］ Snyder R C, Bruck H W, Sapin B, et al. Foreign policy decision making ［M］. New York: Palgrave Macmillan, 2002.

［94］ Spaulding M L, Kolluru V S, Anderson E, et al . Application of three-dimensional oil spill model (WOSM/OILMAP) to Hindcast the Braer spill ［J］. Spill Science &. Technology Bulletin, 1994, 1 (1): 23-35.

［95］ Steffen L. Lauritzen. The EM algorithm for graphical association models with missing data

［J］. Computational Statistics and Data Analysis，1995，19（2）.

［96］ Šutienė K, Makackas D, Pranevičius H. Multistage K-means clustering for scenario tree construction ［J］. Informatica, 2010, 21（1）：123-138.

［97］ Sutton R S. Open theoretical questions in reinforcement learning ［C］. European Conference on Computational Learning Theory. Springer, Berlin, Heidelberg, 1999：11-17.

［98］ Sutton, R. S. and A. G. Barto. Reinforcement Learning：An Introduction ［M］. MIT Press, Cambridge, MA. 1998.

［99］ Szegedy C, Ioffe S, Vanhoucke V, et al. Inception-v4, inception-resnet and the impact of residual connections on learning ［J］. arXiv preprint arXiv：1602.07261, 2016.

［100］ Szegedy C, Liu W, Jia Y, et al. Going deeper with convolutions ［J］. Proceedings of the IEEE conference on computer vision and pattern recognition. 2015：1-9.

［101］ Szegedy C, Vanhoucke V, Ioffe S, et al. Rethinking the inception architecture for computer vision ［J］. Proceedings of the IEEE conference on computer vision and pattern recognition. 2016：2818-2826.

［102］ Tesauro, G. Temporal difference learning and TD-Gammon ［J］. Communications of the ACM, 38（3）：58-68.

［103］ Trevor Gilbert. The Australian Oil Spill Response Atlas Project ［C］. International Oil Spill Conference Proceedings, 2003（1）.

［104］ V Britkov, G Sergeev. Risk management：role of social factors in major industrial accidents ［J］. Safety Science, 1998, 30（1）.

［105］ Van Notten, P., Rotmans, J., van Asselt, M. and Rothman, D. An updated scenario typology ［J］. Futures, 2003, 35：423-443.

［106］ Varlamov S. M, J. H Yoon, H. Nagaishi, K. Abe. Japan Sea oil spill analysis and quick response system with adaptation of shallow water ocean circulation model ［J］. Reports of Research Institute for Applied M echanics, Kyushu University, 2000（118）：9-22.

［107］ Wang Si, Mu Lin, Yao Zhenfeng, et al. Assessing and zoning of typhoon storm surge risk with a geographic information system（GIS）technique：a case study of the coastal area of Huizhou ［J］. Natural Hazards and Earth System Sciences, 2021, 21（1）.

［108］ Xiao-han ZHU, Xiang-yang LI, Shi-ying WANG, Zhao-ge LIU. Scenarios Conversion Deduction Method of Natural Disaster Based on Dynamic Bayesian Networks ［R］. Science and Engineering Research Center. Proceedings of 2017 2nd International Conference on Computational Modeling, Simulation and Applied Mathematics（CMSAM 2017）, 2017：5.

［109］ Xiao-han Zhu, Xiang-yang Li, Shi-ying Wang, et al. Scenarios Conversion Deduction Method of Natural Disaster Based on Dynamic Bayesian Networks ［J］. 2nd International Conference on Computational Modeling, Simulation and Applied Mathematics（CMSAM 2017）, 2017.

［110］ Yuan Chuanlai, Liao Yongyi, Kong Lingshuang, et al. Fault diagnosis method of distribution network based on time sequence hierarchical fuzzy petri nets［J］. Electric Power Systems Research, 2021, 191.

［111］ Yuejuan Chen, Jin Zhang, Anchao Zhou, et al. Modeling and analysis of mining subsidence disaster chains based on stochastic Petri nets［J］. Natural Hazards, 2018, 92 (1).

［112］ Z. Wang, T. Schaul, M. Hessel, et al. Dueling network architectures for deep reinforcement learning［J］. Computer Science：1511. 06581, 2015.

［113］ Zhao Q , Wang J . Disaster Chain Scenarios Evolutionary Analysis and Simulation Based on Fuzzy Petri Net：A Case Study on Marine Oil Spill Disaster［J］. IEEE Access, 2019, 7：183010-183023.

［114］ Zhou Hong-jian, Wang Xi, Yuan Yi. Risk Assessment of Disaster Chain：Experience from Wenchuan Earthquake-induced Landslides in China ［J］. Journal of Mountain Science, 2015, 12 (05)：1169-1180.

［115］ Liu X, Zhou Y, Zheng R. Measuring semantic similarity in WordNet［J］. In Proceedings of the Sixth International Conference on Machine Learning and Cybernetics, Hong Kong, China, 2006：3431-3435.

［116］ 包立鸣. 海上溢油应急指挥辅助决策系统的研制［D］. 杭州：浙江大学, 2019.

［117］ 郏磊. 基于遥感和 GIS 的海上溢油风险识别及区划研究［D］. 烟台：中国科学院大学（中国科学院烟台海岸带研究所）, 2019.

［118］ 曹杰. 贝叶斯网络结构学习与应用研究［D］. 合肥：中国科学技术大学, 2017.

［119］ 柴田. 基于随机方法的船舶碰撞与溢油污染风险评价研究——以台湾海峡为例［D］. 大连：大连海事大学, 2018.

［120］ 陈朝晖. 海上石油开发溢油污染风险分析与防范对策［M］. 北京：海洋出版社, 2016.

［121］ 陈业华, 杨娜, 宋之杰. 非常规突发事件情景-应对的多维情景熵研究［J］. 数学的实践与认知, 2015 (12)：1-13.

［122］ 陈长坤, 孙云凤, 李智. 冰雪灾害危机事件演化及衍生链特征分析［J］. 灾害学, 2009, 24 (01)：18-21.

［123］ 崔文罡, 范厚明, 等. 基于模糊 Bow-tie 模型的油轮靠港装卸作业溢油风险分析［J］. 中国安全生产科学技术, 2016, 12 (12)：92-98.

［124］ 崔晓红. 决策问题中有关意图和知识的推理［J］. 晋阳学刊, 2011, 000 (006)：70-75.

［125］ 范维澄, 刘奕, 翁文国. 公共安全科技的"三角形"框架与"4+1"方法学［J］. 科技导报, 2009, 27 (06)：3.

［126］ 傅孙成, 王文质, 章凡, 等. 南海海上溢油漂移扩散预测微机视系统［J］. 热带海洋, 1994, 13 (2)：88-92.

［127］ 巩前胜. 情景-应对型应急决策中情景识别关键技术研究［D］. 西安：西安科技大

学，2018.

[128] 巩前胜. 基于动态贝叶斯网络的突发事件情景推演模型研究 [J]. 西安石油大学学报（自然科学版），2018, 33 (02): 119-126.

[129] 韩金良，吴树仁，汪华斌. 地质灾害链 [J]. 地学前缘，2007 (06): 11-23.

[130] 胡春玲. 贝叶斯网络的结构学习算法研究 [D]. 合肥：合肥工业大学，2006.

[131] 黄廷祝，傅英定. 高等工程数学 [M]. 成都：电子科技大学出版社，2008.

[132] 黄宗财，仇培元，王海波，吴升. 结合事件和语境特征的台风事件信息抽取方法 [J]. 测绘科学技术学报，2019, 36 (02): 209-214.

[133] 姜卉，黄钧. 罕见重大突发事件应急实时决策中的情景演变 [J]. 华中科技大学学报：社会科学版，2009, 23 (1): 104-108.

[134] 姜卉. 应急实时决策中的情景表达及情景间关系研究 [J]. 电子科技大学学报（社会科学版），2012, 14 (1): 51-55.

[135] 柯平，信息咨询概论 [M]. 北京：科学出版社，2008.

[136] 郎淳刚，刘树林. 国外自然决策理论研究述评 [J]. 技术经济与管理研究，2009 (4): 63-66.

[137] 李冰绯. 海上溢油的行为和归宿数学模型基本理论与建立方法的研究 [D]. 天津：天津大学，2003.

[138] 李藐，陈建国，陈涛，等. 突发事件的事件链概率模型 [J]. 清华大学学报（自然科学版），2010, 50 (08): 1173-1177.

[139] 李明，唐红梅，叶四桥. 典型地质灾害链式机理研究 [J]. 灾害学，2008 (01): 1-5.

[140] 李涛，刘敏燕，王志霞. 海上溢油污染损害影响的分类分析 [J]. 交通世界（运输.车辆），2012 (7): 128-130.

[141] 李伟. 海上船舶溢油后危害程度评价研究 [D]. 上海：上海海事大学，2008.

[142] 厉海涛，金光，周经伦. 贝叶斯网络推理算法综述 [J]. 系统工程与电子技术，2008, 30 (5): 935-939.

[143] 梁春阳. 基于社交媒体的台风灾情信息抽取方法研究 [D]. 福州：福建师范大学，2019. DOI: 10.27019/d.cnki.gfjsu.2019.000990.

[144] 刘爱华，吴超. 基于复杂网络的灾害链风险评估方法的研究 [J]. 系统工程理论与实践，2015, 35 (02): 466-472.

[145] 刘春玲，乔冰，李岱青. 溢油敏感资源保护方案综合研究 [J]. 2010 年船舶防污染学术年会论文集，2010.

[146] 刘剑刚，高洁，王明哲. 模糊 Petri 网及其在模糊推理中的应用 [J]. 计算机仿真，2004 (11): 152-154.

[147] 刘峤，李杨，段宏，等. 知识图谱构建技术综述 [J]. 计算机研究与发展，2016, 53 (03): 582-600.

[148] 刘圣勇. 船舶溢油事故应急组织体系研究与决策处理 [D]. 上海：上海海事大学，2005.

[149] 刘铁民. 重大事故灾难情景构建理论与方法 [J]. 复旦公共行政评论, 2013.

[150] 刘铁民. "危机型" 突发事故灾难——挑战与应对 [C]. 突发事件应急管理论坛 (IFIM09), 2009.

[151] 刘铁民. 应急预案重大突发事件情景构建——基于 "情景-任务-能力" 应急预案编制技术研究之一 [J]. 中国安全生产科学技术, 2012: 5-12.

[152] 刘文全. 基于 GIS 的海上石油平台溢油应急决策支持系统结构与应用研究 [D]. 青岛: 中国海洋大学, 2010.

[153] 刘晓琴, 刘国龙, 王振. MIKE 系列模型在蓄滞洪区洪水模拟中的应用研究 [J]. 中国农村水利水电, 2020 (06): 10-15, 20.

[154] 门可佩, 高建国. 重大灾害链及其防御 [J]. 地球物理学进展, 2008 (01): 270-275.

[155] 彭剑峰, 张立, 栗云召. 豫西山地自然灾害链效应研究 [J]. 安徽农业科学, 2009, 37 (10): 4622-4624.

[156] 裘江南, 刘丽丽, 董磊磊. 基于贝叶斯网络的突发事件链建模方法与应用 [J]. 系统工程学报, 2012, 27 (6): 739-750.

[157] 饶文利, 罗年学. 台风风暴潮情景构建与时空推演 [J]. 地球信息科学学报, 2020, 22 (02): 187-197.

[158] 任希佳. 1.6 亿载重吨 [J]. 军民两用技术与产品, 2016 (15): 7.

[159] 邵希娟, 杨建梅. 行为决策及其理论研究的发展过程 [J]. 科技管理研究, 2006, 26 (005): 203-205.

[160] 沈航, 李梦雅, 王军. 风暴洪水灾害应急疏散方法研究——以浙江省玉环县为例 [J]. 地理与地理信息科学, 2016, 32 (01): 122-127.

[161] 施益强, 陈玲. 海上溢油事故应急反应系统框架的研究 [J]. 海洋环境科学, 2003, 22 (2): 40-43.

[162] 石先武, 国志兴, 张尧, 等. 风暴潮灾害脆弱性研究综述 [J]. 地理科学进展, 2016, 35 (07): 889-897.

[163] 石先武, 谭骏, 国志兴, 等. 风暴潮灾害风险评估研究综述 [J]. 地球科学进展, 2013, 28 (08): 866-874.

[164] 史培军, 吕丽莉, 汪明, 等. 灾害系统: 灾害群、灾害链、灾害遭遇 [J]. 自然灾害学报, 2014, 23 (06): 1-12.

[165] 史培军. 四论灾害系统研究的理论与实践 [J]. 自然灾害学报, 2005 (06): 5-11.

[166] 史培军. 三论灾害研究的理论与实践 [J]. 自然灾害学报, 2002.

[167] 孙山. 民航重大飞行事故情景构建研究 [D]. 北京: 首都经济贸易大学, 2014.

[168] 孙玲玲. 基于 MIKE21 的水库洪水期洪水演进数值模拟 [J]. 工程技术研究, 2020, 5 (11): 246-248. DOI: 10.19537/j.cnki.2096-2789.2020.11.117.

[169] 谭丽荣, 陈珂, 王军, 等. 近 20 年来沿海地区风暴潮灾害脆弱性评价 [J]. 地理科学, 2011, 31 (09): 1111-1117.

[170] 陶钇希, 夏登友, 朱毅. 基于随机 Petri 网的石油化工火灾情景推演 [J]. 消防科

学与技术，2019，38（11）：1624-1628.

[171] 涂智，龚秀兰，万玺. 情景构建技术在应急管理中的应用研究综述［J］. 价值工程，2018，37（12）：231-233.

[172] 王浩，王永明. "12. 31"事件警示——环境污染突发事件已触及公共安全底线［J］. 中国安全生产科学技术，2013，9（7）：5-12.

[173] 王浩林，基于情景匹配的海上船舶溢油事故危险性快速评估［J］. 环境工程，2018年第36卷增刊.

[174] 王可，钟少波，杨永胜，等. 海洋灾害链及应用［J］. 灾害学，2018，33（04）：229-234.

[175] 王立坤. 船舶溢油应急处置关键组织与联系的识别［J］. 交通信息与安全，2009，27（6）：22-25.

[176] 王思强. 对抗场景中的意图理解与决策设计方法研究［D］. 哈尔滨：哈尔滨工业大学，2019.

[177] 王先梅. 基于贝叶斯网络的煤矿瓦斯爆炸事故情景分析［D］. 西安：西安科技大学，2012.

[178] 王旭坪，杨相英，樊双蛟，等. 非常规突发事件情景构建与推演方法体系研究［J］. 电子科技大学学报（社科版），2013，15（01）：22-27.

[179] 王颜新. 非常规突发事件情境重构模型研究［D］. 哈尔滨：哈尔滨工业大学，2011.

[180] 王铮. 基于承灾体的区域灾害风险及其评估研究［D］. 大连：大连理工大学，2015.

[181] 夏登友. 基于"情景—应对"的非常规突发灾害事故应急决策技术研究［D］. 北京：北京理工大学，2015.

[182] 熊德琪，林奎，肖明，等. 珠江口区域海上溢漏污染物动态预测系统的开发与应用［J］. 交通环保，2003，6（24）.

[183] 薛瑾艳. 基于贝叶斯网络的不确定性推理方法的分析与应用［D］. 天津：南开大学，2008.

[184] 许婷. MIKE21 HD计算原理及应用实例［J］. 港工技术，2010，47（05）：1-5. DOI：10. 16403/j. cnki. ggis2010. 05. 005.

[185] 杨保华，方志耕，刘思峰，等. 基于GERTS网络的非常规突发事件情景推演共力耦合模型［J］. 系统工程理论与实践，2012，32（5）：963-970.

[186] 杨珺珺. 事件树分析法评估建筑物地震灾害风险［J］. 自然灾害学报，2008（04）：147-151.

[187] 杨腾飞，解吉波，李振宇，等. 微博中蕴含台风灾害损失信息识别和分类方法［J］. 地球信息科学学报，2018，20（07）：906-917.

[188] 杨咏妍. 海底管道溢油风险评价体系的研究［D］. 杭州：浙江大学，2016.

[189] 殷佩海，任福安. 海上溢油应急反应专家系统［J］. 交通环保，1996.

[190] 殷志明，张红生，周建良，等. 深水钻井井喷事故情景构建及应急能力评估［J］.

石油钻采工艺，2015，37（01）：166-171.

［191］于峰，李向阳，刘昭阁．城市灾害情景下应急案例本体建模与重用［J］．管理评论，2016，28（08）：25-36.

［192］袁娜．基于贝叶斯网络和业务持续管理的液氨泄漏事故情景构建研究［D］．北京：北京交通大学，2016.

［193］袁晓芳．基于情景分析与CBR的非常规突发事件应急决策关键技术研究［D］．西安：西安科技大学，2011.

［194］张超，王皖，徐风娇，等．城市公共安全风险评估情景构建标准研究［J］．标准科学，2020（06）：25-30.

［195］张辉，刘奕．基于"情景—应对"的国家应急平台体系基础科学问题与基础平台［J］．系统工程理论与实践，2012，5（23）：947-953.

［196］张嘉亮，郑雅梅，马浩然，等．石油罐区火灾事故典型情景构建与推演［J］．安全、健康和环境，2016，16（11）：48-52.

［197］张靖宜，贺光辉，代洲，等．融入BERT的企业年报命名实体识别方法［J］．上海交通大学学报，2021，55（02）：117-123. DOI：10.16183/j.cnki.jsjtu.2020.009.

［198］张磊．非常规突发事件的情景建模与推演研究［D］．大连：大连理工大学，2015.

［199］张明红．基于案例的非常规突发事件情景推理方法研究［D］．武汉：华中科技大学，2016.

［200］张珞平，洪华生，陈伟琪，等．海洋环境安全：一种可持续发展的观点［J］．厦门大学学报（自然科学版），2004（S1）：254-257.

［201］张振海．铁路突发事件应急情景构建与动态推演技术研究［D］．兰州：兰州交通大学，2014.

［202］钟委，霍然，王浩波．地铁火灾场景设计的初步研究［J］．安全与环境学报，2006，6（3）：32-34.

［203］周志华．机器学习［M］．北京：清华大学出版社，2016.

［204］宗蓓华，战略预测中的情景分析法［J］．预测，1994（2）：50-55.

［205］邹景忠，董丽萍，秦保平．渤海湾富营养化和赤潮问题的初步探讨［J］．海洋环境科学，1983（02）：41-54.

附录 A 台风风暴潮承灾体敏感性等级划分

台风风暴潮承灾体敏感性分值表

大类	亚类	小类	对风的敏感性	对潮的敏感性
堤防工程	海堤		2	10
	水闸	泄洪闸	2	8
		潮（水）闸	1	6
		排（退）水闸	1	6
	泵站工程		2	4
海上重点保护目标	海水养殖区		4	4
	海洋资源开发区	捕捞区	4	4
		采矿区	4	6
		海洋盐业区	4	4
		海水淡化区	4	4
	海水浴场		4	2
	避风地	渔港	4	6
		避风锚地	4	4
	港口码头		6	8
	海上交通设施	跨海大桥	4	10
		海底隧道	2	8
		航标	8	2
		灯塔	8	2
	海上运输航道		8	4
	海上石油平台		10	10
	海底电缆		2	2
	海底输油管道		2	2
	海上观测设施		8	8
	海底观测设施		2	2

续表

大类	亚类	小类	对风的敏感性	对潮的敏感性
海上重点保护目标	海上电力设施	海上风力发电场	6	6
		海上太阳能发电场	6	6
		潮汐电站	6	6
		潮流电场	6	6
	沿岸交通设施	滨海机场	6	6
		主要公路	2	6
		铁路	2	6
	沿岸电力设施	核电站	10	10
		火电站	8	8
		风电站	8	8
		变电站	8	8
	通信设施		6	6
	钢铁、石油化工设施	钢铁基地	6	6
		石油化工基地	10	10
		油气运输管道	8	8
	危险化学品设施		10	10
	物资储备基地		8	8
	工业园区		8	8
	沿岸旅游娱乐区		4	4
	船厂		6	4
	水库大坝		4	6
	尾矿库		4	6
	农田		4	6
	重点单位	党政军机关	10	10
		科研机构	6	6
		新闻广播机构	6	6
		公众聚集场所	8	8
		金融机构	4	4
		使领馆	10	10
		古建筑	6	6
		医院	8	8
		学校	8	8

大类	亚类	小类	对风的敏感性	对潮的敏感性
生态敏感目标	海洋保护区		8	8
	重要河口及湿地		6	6
	岸线	砂质岸线	2	2
		基岩岸线	2	2
		粉砂淤泥质岸线	2	2
		生物岸线	2	4
		河口岸线	2	2
		生态岸线	2	4
		人工岸线	2	4
	沙源保护海域		4	6
	地质水文灾害高发区		4	4
	重要生态岛礁		6	6
	典型生态系统	红树林群落	4	4
		珊瑚礁群落	4	4
		海草床群落	4	4
	重要海洋生物	鸟类、鱼类	2	2
沿岸社区人口与房屋	人口集聚区		10	10
	房屋		8	4
	应急避难场所		6	6
	地下车库		2	8

附录 B 海洋环境安全事件分类代码表[①]

附表   海洋环境安全事件分类代码表

大类		亚类		细类		说明
010000	海洋水文气象灾害	010100	台风			
		010200	海上大雾			
		010300	海上大风			
		010400	海洋内波			
		010500	风暴潮	010501	温带风暴潮	
				010502	台风风暴潮	
		010600	海啸	010601	地震海啸	
				010602	火山海啸	
				010603	滑坡海啸	
				010604	核爆海啸	
		010700	海浪			
		010800	海冰			
		010900	海水入侵			
		011000	海岸侵蚀			
		011100	海平面变化			
		011200	海温异常			
		011300	海洋缺氧			
		011400	海洋酸化			
		019900	其他海洋水文气象灾害			

[①] 节选自 T/PSC 3-2022《海洋环境安全事件分类与编码》，中国太平洋学会，2022. 3.

续表

大类		亚类		细类		说明
020000	海洋生态灾害	020100	绿潮	020101	浒苔绿潮	
				020102	石莼绿潮	
		020200	赤潮	020201	有毒赤潮	
				020202	无毒赤潮	
		020300	金潮			
		020400	褐潮			
		020500	水母暴发			也称"白潮"
		020600	海星灾害			
		020700	毛虾暴发			
		020800	海地瓜灾害			
		020900	土壤盐渍化			
		021000	珊瑚礁白化			也称"热浪灾害"
		021100	外来物种入侵	021101	外来动物入侵	
				021102	外来植物入侵	
				021103	外来微生物入侵	
		029900	其他海洋生态灾害			
030000	海上突发事件	030100	溢油事件	030101	海上油井溢油	
				030102	船舶事故溢油	
				030103	输油管道溢油	
				030104	海底溢油	
		030200	危化品事件	030201	危化品泄漏	
				030202	危化品爆炸	
				030203	危化品漂移	
				030204	危化品扩散	
		030300	海洋核污染	030301	海上核武器试验	
				030302	沿海核设施爆炸	
				030303	核废料倾倒	
		030400	船舶交通事故	030401	船舶碰撞	
				030402	船舶触礁	

大类		亚类		细类		说明
030000	海上突发事件	030400	船舶交通事故	030403	船舶触损	
				030404	船舶搁浅	
		030500	船舶遇险	030501	船舶火灾	
				030502	船舶失踪	
				030503	船舶危险品爆炸	
				030504	船舶失去动力	
				030505	船舶方向失控	
		030600	航空器坠海	030601	载人航空器坠海	
				030602	无人航空器坠海	
		030700	钻井平台火灾			
		030800	人员遇险	030801	人员失踪	
				030802	人员溺水	
				030803	人员死亡	
				030804	人员被绑架	
		039900	其他海上突发事件			
040000	海上争端事件	040100	岛礁争端	040101	外国侵占岛礁	
				040102	外占岛礁填建	
		040200	渔业争端	040201	外国扣押我国渔船	
				040202	外国扣押我国渔民	
				040203	外国船只冲撞我国渔船	
				040204	外国船只武装攻击我国渔船	
		040300	恐怖主义事件	040301	海上船舶被劫持	
				040302	钻井平台被劫持	
				040303	港口被袭击	

续表

大类		亚类		细类		说明
040000	海上争端事件	040400	外国武装势力非法进入我国领海领空	040401	外国武装船只非法进入我国领海	
				040402	外国军机非法进入我国领海领空	
		040500	外国船舶非法开展科学考察			
		040600	海上偷渡			
		049900	其他海上争端事件			